LA MÉDUSE ET L'ESCARGOT

LEWIS THOMAS

LA MÉDUSE ET L'ESCARGOT

Préface de
ANDRÉ LWOFF,
Prix Nobel de Médecine

Traduit de l'américain par Hervé Denès

PIERRE BELFOND

3 *bis*, passage de la Petite-Boucherie
75006 Paris

Ce livre a été publié sous le titre original
THE MEDUSA AND THE SNAIL
par Viking Press, New York

Si vous souhaitez recevoir notre catalogue
et être tenu au courant de nos publications,
envoyez vos nom et adresse en citant ce livre.
Éditions Pierre Belfond
3 *bis*, passage de la Petite-Boucherie
75006 Paris

ISBN 2.7144.1338.2

Sommaire

Préface d'André Lwoff
Prix Nobel de Médecine

L'auteur de La Méduse et l'Escargot *est fort connu aux États-Unis. Connu dans le monde de la médecine en tant que clinicien, dans le monde scientifique en tant que chercheur, connu du grand public par ses articles et par ses livres. C'est son dernier-né que j'ai le plaisir de présenter aux lecteurs français. Triple vocation, donc, chez Lewis Thomas : de médecin, de chercheur et d'écrivain; et triple succès dû à la conjonction de qualités rarement réunies. C'est naturellement de l'écrivain, ou plutôt de l'essayiste qu'il sera question dans cette introduction.*

L'humour est fort rare chez les scientifiques. On me dira que la matière de leurs travaux, à l'instar de celle des philosophes, ne s'y prête guère; sans doute. Cependant, La Méduse et l'Escargot *est une œuvre scientifico-philosophique où l'humour règne en maître. L'auteur jette sur toute chose un regard pénétrant et amusé, même si parfois l'amusement est teinté de résignation. Ses analyses sont servies par une profonde connaissance des hommes et des institutions.*

Donner une idée du contenu de ce volume est fort difficile eu égard à la variété des sujets traités. L'auteur a disserté avec bonheur de la magie en médecine, des étymons, *de la pensée, des verrues, de l'inquiétude transcendantale, de la « merveilleuse erreur », de la ponctuation, des comités, de la mort et de nombre d'autres questions qui nous touchent de près ou de loin. Les analyses font la preuve d'une grande érudition, d'une solide culture et d'une implacable logique. Le style est vivant et léger.*

Ajoutons que Lewis Thomas est grand admirateur de Montaigne et a consacré un chapitre aux Essais. *En fait, l'auteur de* La Méduse et l'Escargot *est un essayiste – mais un essayiste un peu particulier. Montaigne a parfois montré de l'étonnement devant certaines manifestations de la nature humaine. Cependant l'humour, s'il existe en lui, est soigneusement masqué dans l'œuvre. Lewis Thomas est un disciple de Montaigne, avec l'humour en plus.*

Car l'humour fait partie intégrante de son personnage. « Les hommes tristes – a écrit Mozart – ne sont jamais sérieux. » Il est de fait que, pour un esprit sérieux, la pensée et l'écriture sont des jeux. La gravité n'est certes pas nécessaire à l'expression de choses graves.

Une digression sur l'ironie, parfois proche de l'humour mais bien différente, me semble ici nécessaire. L'ironie, source de réflexion philosophique, est présente chez Socrate et le scepticisme de Montaigne pourrait être considéré comme une forme de l'ironie. Cependant, l'ironie est, soit une méthode, soit une vision des choses, alors que l'humour est un style. L'ironie est présente, nécessairement, dans les comédies de mœurs, chez Aristophane en particulier, puis dans les premières comédies de Corneille, chez Molière bien entendu, et dans les satires de Boileau. Ironie encore dans les Conseils aux Domestiques *et dans* Les Voyages de Gulliver. *L'ironie de Swift est grinçante comme sera celle de Beaumarchais. Plus tard, Henri Monnier suivra la voie tracée et construira avec art le personnage de* Monsieur Prudhomme.

Revenons au Siècle des Lumières. C'est, semble-t-il, avec les Lettres persanes *bientôt suivies par* Candide *que l'humour fait véritablement son apparition dans les écrits à consonance philosophique. L'humour confère un plaisant relief aux réflexions et ne saurait nuire ni à l'acuité, ni à l'impact d'une étude. On notera que cette composante de la pensée et de l'écriture est apparue tardivement et qu'elle est restée rare. C'est ici le lieu de remarquer combien les* Aphorismes sur la Sagesse dans la Vie *auraient gagné à être traités dans le style des* Lettres persanes.

Toutefois, comme la quasi-totalité des philosophes, Schopenhauer était dépourvu d'humour. Montesquieu, qui était à la fois historien, juriste et sociologue, et qui a fait œuvre de philosophe, reste une des exceptions remarquables. « C'est une sorte de sagesse – a écrit Léautaud – que d'écouter sa fantaisie, de regarder, de sourire... Il y faut une intelligence curieuse et souple à l'extrême. » Montesquieu, précisément, avait décidé « de mener à la sagesse et à la vérité par le plaisir ». Seul un grand aristocrate de l'esprit pouvait gagner ce pari.

Suarez a défini l'humour comme « l'expression exquise et légère de l'objet par l'esprit ». Si l'on accepte cette définition, on ne s'étonnera pas que l'humour philosophique soit né en France. Cependant, les œuvres du type Lettres persanes *sont restées exceptionnelles. La dernière en date est sans doute le* Paludes *d'André Gide. Encore que, dans* Paludes, *l'humour revête une forme complexe, à l'image de son auteur, et soit parfois teinté de tragique. Force est de constater que bien peu de grands esprits ont écrit des ouvrages relevant de l'humour. Il faut pour cela une disposition particulière, une certaine forme d'esprit, une disponibilité, une harmonieuse alliance de profondeur et de légèreté, un style alerte et incisif, beaucoup de talent et de goût, l'amour du jeu aussi. Il est d'ailleurs possible que la propension à l'humour et son expres-*

sion, même, soient en partie génétiquement déterminées à l'instar de la sensibilité pour les sons ou pour les couleurs ; pensons à Mozart et à Monet. Quoi qu'il en puisse être, c'est avec grand intérêt et plaisir que j'ai lu La Méduse et l'Escargot, *livre attachant, si divers dans son unité. Je suis heureux de présenter l'ouvrage de mon ami Lewis Thomas aux lecteurs français.*

La méduse et l'escargot

Culte du moi et recherche frénétique de l'identité, jamais nous n'avons été aussi préoccupés de nous-même, cela tourne à l'obsession. Revues et magazines populaires regorgent d'articles consacrés au moi : apprenez à reconnaître votre moi, sachez le nourrir, le protéger, voire, à l'occasion d'un week-end, le mettre momentanément en veilleuse. Et toutes sortes d'ouvrages fort instructifs se vendent comme des petits pains. Les lecteurs y apprennent à développer leur identité, à l'épanouir, à la réaliser. Des citoyens qui n'ont rien sur la conscience paient des sommes aussi respectables qu'eux-mêmes pour participer à des groupes au sein desquels, trois jours d'affilée, ils apprennent à prendre conscience d'eux-mêmes. Comme la décoration d'intérieur, l'aménagement du moi fait désormais partie des cours facultatifs que dispensent nos universités.

À croire que le moi est une découverte toute récente. Comme si nous nous doutions depuis fort longtemps qu'il y avait *quelque chose* de vivant là-dedans, à la tête de l'entreprise, radicalement distinct de tout le reste, totalement individuel et indépendant, et que, l'ayant découvert, cet habitant mystérieux de nous-même, nous avions décidé de fêter ça en lui donnant un nom bien à lui. C'est mon moi à moi – vive moi !

En anglais, on préfère dire le soi – *self* – et donc *mon soi* – *my self*, moi-même – d'où ces self-services où, à condition de bien connaître la self-défense, on n'est jamais si bien servi que par soi-même !

Mot intéressant que ce *self*, de formation très ancienne et beaucoup plus ambiguë qu'on ne serait tenté de le croire. Il est issu de la vieille racine indo-européenne *se* ou *seu* qui est tout simplement le pronom de la troisième personne et, à l'exception de *self* lui-même, la plupart des mots qui en sont venus désignaient des *autres*, mais liés entre eux de quelque manière. Ainsi *sibs*, parents, et *gossips*, compères, commères. *Se* servit aussi à indiquer la *sé*paration, d'où ce mot lui-même et aussi *secret* et *ségrégation*. On le retrouve, par l'intermédiaire de la racine *swedh*, dans le grec *ethnos* désignant le groupe humain (ethnique) dont on est issu, comme dans *ethos*, qui désigne les coutumes de ce groupe. L'*éthique*, c'est donc le comportement de nos semblables, les mœurs de notre propre *ethnie*.

Nous sommes portés à croire que nous sommes les seules créatures que la nature ait dotées, individuellement, d'une personnalité, d'une identité uniques, bref d'un *self*, mais il n'en est rien. La singularité est une propriété si banale de la matière vivante qu'elle n'a vraiment rien d'unique. Comment un phénomène universel pourrait-il mériter le qualificatif d'unique ? Même les bactéries flagellées, issues d'un même clone, peuvent être considérées comme des entités uniques, parfaitement distinctes les unes des autres. Dans un rapport récent, Spudich et Koshland ont montré que les micro-organismes motiles de même espèce ont un comportement moteur individualisé jusqu'à l'excentricité. Quand ils se mettent en quête de nourriture, les uns cabriolent dans une direction donnée, pendant un laps de temps précis, avant de se remettre au repos, les autres dans d'autres directions, et pendant un laps de temps différent, mais tout aussi caractéristique. Quand on les observe au microscope, retenues par leur flagelle à la surface d'une lamelle enduite d'anticorps, on pourrait identifier chacune de ces bactéries – aussi sûrement que si elles portaient des noms propres – rien qu'à la manière dont chacune vibrionne.

Les haricots portent des étiquettes, véritables plaques d'identité, qui les caractérisent et les distinguent aussi sûrement que son odeur particulière caractérise et distingue une souris. Ces étiquettes sont des glycoprotéines, les lectines. Elles pourraient bien jouer un rôle dans l'élaboration du lien essentiel qui unit intimement le haricot aux bactéries fixatrices d'azote qui vivent intégrées à la chair même de la plante dans les nodules des racines. La lectine d'une variété donnée de légumineuse manifeste une affinité élective pour les bactéries qui colonisent cette variété particulière, et non pour celles qui prospèrent sur d'autres espèces de haricot. Le système semble bien avoir été fondé pour assurer le maintien d'associations exclusives. Ce sont de petits snobismes de ce genre qui assurent la cohésion de la nature.

Biologiquement parlant, les polypes coralliens eux-mêmes ont une conscience aiguë de leur identité. Mis en contact avec des branches de même lignée génétique, ils fusionnent ; si la lignée est différente, le rejet est automatique.

Les poissons se reconnaissent entre eux à l'odeur et accèdent ainsi au statut d'individus. Il en va de même chez les souris, et, chez elles, la discrimination olfactive dépend de ce même locus H_2 qui contient les gènes codants de l'identité immunologique.

Les seuls organismes qui semblent ne manifester aucun respect de la vie privée sont les cellules nucléées détachées de l'organisme auquel elles appartenaient et isolées en laboratoire. Dans des conditions propices, et pour peu qu'on leur en donne l'occasion, deux cellules de provenance très diverse, une levure par exemple, et un érythrocyte de poulet, vont entrer en contact, fusionner, et les deux noyaux fusionneront à leur tour. Par la suite, cette cellule hybride donnera par division naissance à une progéniture monstrueuse. Nues et isolées comme ne devrait pas l'être une cellule qui se respecte, ces malheureuses semblent donc dépourvues de tout sens de l'identité, de tout individualisme.

La théorie classique considère le marquage individuel et les mécanismes sensoriels qui permettent de le repérer comme un système de différenciation dont le seul but serait d'assurer le maintien de l'individualité, permettant à chaque espèce de se défendre et de se protéger contre toutes les autres. Ainsi envisagé, le sens de la spécificité servirait à la survie de l'espèce.

La vie réelle semble bien toutefois apporter un démenti à la théorie. Le marquage spécifique des invertébrés marins – lesquels, soit dit en passant, ont dû mettre au point leur système bien avant que l'évolution ne s'intéresse à nous – permet effectivement aux individus d'une espèce donnée de reconnaître les membres d'autres espèces, mais ce n'est pas, comme on l'a cru, pour faciliter la tâche des prédateurs. Il s'agit plutôt de favoriser la fondation de ménages symbiotiques. C'est ainsi que les anémones qui vivent sur la carapace d'un crabe sont particulièrement tatillonnes dans le choix de leur hôte. Les crabes d'une espèce donnée n'accueillent à leur tour que les anémones d'une espèce donnée. Crabe et anémone se repèrent avec une exquise sensibilité et vivent ensemble comme s'ils étaient faits l'un pour l'autre.

Il arrive parfois que la confusion des identités soit telle que deux créatures, attirées par la configuration moléculaire l'une de l'autre, en viennent à former un organisme unique intégrant et transcendant leurs deux identités. De ce phénomène, je ne connais pas de meilleur exemple que l'histoire du nudibranche et de la méduse des eaux de la baie de Naples. Quand on l'observa pour la première fois, on remarqua que ce nudibranche – en anglais « escargot de mer » – portait près de la bouche, fixé à demeure sur sa face ventrale, ce qu'on prit pour un minuscule parasite résiduel, une méduse atrophiée. Curieux de savoir par quel chemin la méduse était arrivée là, les biologistes entreprirent de sonder les eaux environnantes à la recherche de spécimens à des stades antérieurs de leur développement. La surprise qui les attendait était de taille. Ce parasite qui semblait avoir atteint le comble de la spécialisation et renoncé à toute espèce d'existence autonome au profit de cette incrustation permanente était en fait capable de se reproduire : à preuve sa progéniture, qui abonde à certaines époques de l'année. Elle dérive à travers les eaux superficielles, présente une croissance et un développement étonnamment normaux, et finit par donner de belles méduses adultes, à tous égards semblables aux autres. Entre-temps, notre mollusque produit lui aussi des larves qui entament une croissance normale, mais de courte durée. Car, encore très petites, elles sont prises au piège des tentacules de la méduse et bientôt englouties à l'intérieur de l'ombrelle. A première vue, on pourrait croire que, par un juste retour des choses, les méduses sont devenues le prédateur et que, revanche sur les humiliations passées, elles font du mollusque leur proie. Or, il n'en est rien. Très vite, les larves qui n'ont pas été digérées et ont conservé tout leur appétit se mettent à l'œuvre. Elles attaquent d'abord les canaux radiaux, puis les franges de l'ombrelle et, pour finir, les tentacules eux-mêmes. Tant et si bien que la méduse perd en substance et en taille ce que le mollusque gagne en poids et en volume. Au final, on retrouve les dispositions de la première scène : un nudibranche adulte, prospère et replet, tandis qu'il ne reste plus de la méduse, convenablement découpée et réduite, qu'un petit parasite tout rond, solidement fixé à la peau du mollusque, près de l'orifice buccal.

C'est là une histoire difficile à démêler en elle-même et un sujet de réflexion plus ardu encore. Voilà deux créatures conçues pour cette rencontre, leur marquage individuel leur permet de se reconnaître dans les eaux de la baie de Naples. Leur collaboration, pour autant qu'on veuille l'appeler ainsi, est parfaitement, rigidement spécifique. Seules les méduses de cette espèce précise peuvent rencontrer ce nudibranche et pas un autre pour s'assembler avec lui et mener cette existence. Plus surprenant encore, toute autre existence leur est impossible, aux unes comme à l'autre, leur dépendance mutuelle est totale et permet seule d'assurer leur survie. Ces créatures n'existent pas par elles-mêmes en tant que telles, elles ne sont que des *autres*, spécifiquement complémentaires.

Quand je songe à ces créatures, un sentiment bizarre m'envahit. Je ne puis vraiment dire qu'elles me rappellent quelque chose, puisque je ne connais aucun cycle analogue. Elles constituent une bizarrerie, c'est bien le mot, elles sont uniques. Et, en même temps, à la manière d'un rêve dont je n'aurais conservé qu'une vague réminiscence, elles me rappellent notre terre tout entière. Mais alors mon esprit s'affole, et c'est une pensée que je suis radicalement incapable de mener logiquement à son terme.

Le zoo de Tucson

La démarche de la science est réductionniste. Cela signifie qu'elle obtient le plus clair de ses connaissances en étudiant les détails, puis les détails des détails, et ainsi de suite, jusqu'à disposer des plus petites composantes de la structure, des plus infimes parties du mécanisme, qu'elle peut alors faire entrer en ligne de compte et soumettre à examen. Ce n'est qu'après ce démontage minutieux que peut commencer l'étude de l'organisme envisagé comme un tout ou du système dans son ensemble. C'est du moins ce que l'on prétend.

Une telle démarche n'est pas sans danger. Une bonne part des inquiétudes que la science suscite dans le public d'aujourd'hui tient au risque qu'elle court de négliger à tout jamais l'ensemble à cause de son souci maniaque d'approfondir sans trêve la connaissance des parties. J'ai moi-même fait brièvement connaissance avec cette appréhension, un après-midi, à Tucson. Mettant à profit quelques heures de liberté, j'allai visiter le zoo qui s'est ouvert dans les faubourgs de la ville. Les responsables du jardin zoologique ont imaginé de creuser entre deux étangs artificiels une allée profondément encaissée aux parois vitrées, de telle sorte qu'en se tenant au milieu du chemin on peut apercevoir à la fois les profondeurs et la surface des deux bassins. Dans celui de droite on a installé une famille de loutres, dans celui de gauche une famille de castors. A quelques mètres du visage des visiteurs, loutres et castors se livrent à leurs jeux, tantôt en surface, tantôt sous l'eau, s'approchent, s'éloignent, font mille tours, plus débordants de vie qu'aucune créature qu'il m'ait jamais été donné de voir. N'était la paroi de verre, on n'aurait qu'à étendre la main pour les toucher.

Je fus littéralement transporté. J'ai conservé le souvenir d'une véritable exaltation, mêlée d'ébahissement, devant tant de perfection, et qui ne laissait place pour nulle autre sensation. Touchant à peine le sol, je bondissais d'un bord à l'autre du chemin, les yeux écarquillés, ravi, offrant à mon cerveau éberlué tantôt la contemplation des loutres, tantôt celle des castors. D'un hémisphère à l'autre, mon corps calleux était parcouru de hurlements de joie. Je me souviens d'avoir songé, avec ce qui me restait de cervelle pour prendre soin de ma conscience, que je ne voulais surtout pas entendre parler de la science des castors ou des loutres ; je ne voulais pas savoir comment ils accomplissaient leurs merveilleux tours ; peu m'importaient la physiologie de leur respiration, la coordination de leurs muscles, leur vision, leur système endocrinien, leur tractus digestif – je n'en voulais rien savoir. De tout mon cœur, je souhaitais n'avoir jamais à les considérer comme un assemblage de cellules. Tout ce que je demandais, c'était le merveilleux spectacle, la complexité velue de ces loutres et de ces castors vivants, qui évoluaient sous mes yeux.

A mon grand regret, je dois reconnaître que cela ne dura guère que quelques minutes, au bout desquelles je réintégrai, aussi réductionniste que jamais, notre XXe siècle finissant. Poussé par la force de l'habitude, je me mis à m'interroger sur les détails. Mais, cette fois, ce ne fut pas sur les détails des loutres et des castors. Non, pour changer, je me mis à m'interroger à mon propre propos. Quelque chose de mémorable s'était indiscutablement produit dans mon esprit, quelque part dans mon cerveau, peut-être bien dans mon système limbique. Je devins un scientifique, un spécialiste du comportement, de la psychologie expérimentale, de l'éthologie. Du même coup, je cessai aussitôt de m'émerveiller et de me sentir dépassé. O sentiment flatteur !

Mais je ne quittais pas le zoo les mains vides. J'y avais acquis un aperçu nouveau sur moi-même : d'une manière ou d'une autre, je suis codé pour les loutres et les castors. En leur présence, si on me les montre à portée de main, derrière des parois vitrées, évoluant dans l'eau et en surface, je manifeste un comportement instinctif. Je possède des récepteurs sensibles à ce spectacle. Loutres et castors possèdent un « déclencheur » qui m'est destiné, pour adopter le jargon de l'éthologie, et ce qu'il déclenche, c'est l'expérience que j'ai vécue. Quoi, en l'occurrence ? Un comportement. Quel comportement ? Un transport de joie, un véritable ébahissement accompagné de mouvements de rotation sur soi-même et d'une bouffée de sentiments amicaux. De cette rencontre, de cet échange, je n'ai tiré aucune connaissance nouvelle concernant les loutres et les castors. Je ne pourrais rien vous dire que vous ne sachiez déjà. Je n'ai rien appris à leur sujet. Ce que j'ai appris me concerne, moi, et toi aussi, hypocrite lecteur, ainsi, peut-être, que tout le genre humain : nous possédons des gènes qui codent et déterminent notre réaction aux loutres, aux castors, et peut-être aussi nos réactions mutuelles. Nous portons, gravés en nous, des schémas de comportement stéréotypés, inaltérables, qui n'attendent que d'être déclenchés. Et le comportement ainsi induit en nous, par ce genre de rencontre, consiste, pour l'essentiel, en une réaction de surprise affectueuse. C'est un comportement réflexe, automatique, auquel il n'est possible d'échapper qu'en faisant appel à toutes les ressources de la conscience, par un effort de volonté soutenu de bout en bout par une ruse de l'esprit. Abandonnés à nous-même, à l'autonomie de notre être machinal, nous brûlons de nous faire des amis.

Or, que nous dit-on ? Méfiez-vous des fourmis. Ces sales bêtes n'ont rien à nous apprendre ; ce ne sont que de petits instruments délirants, inhumains, incapables de se contrôler, qui ne savent pas se conduire, qui n'ont pas d'âme. Lorsqu'elles sont massées toutes ensemble, en contact les unes avec les autres, échangeant les bribes d'information qu'elles serrent dans leurs mandibules comme autant d'agendas, elles deviennent un animal unique. Attention ! Surtout pas ça ! Quelle dégradation. C'est la fin de l'individu, un viol de la nature humaine, un acte contre nature.

Il est des gens pour argumenter à ce propos avec le plus grand sérieux et beaucoup de profondeur de pensée. Soyez des individus, solitaires et égoïstes – voilà leur message. L'altruisme, comme on désigne en jargonnant le bon vieil amour, est pire qu'une faiblesse, c'est un péché, une violation des lois naturelles. Restez isolés. Refusez d'être un animal social. Mais c'est là une position bien difficile à tenir quand on doit se servir du langage pour convaincre de sa justesse. Il faut faire imprimer des tracts, ou publier des livres, il faut les faire acheter, les faire circuler, il faut parler à la télévision et attirer l'attention d'un million d'autres êtres humains d'un seul coup, et, à tous ces gens réunis, à tous ces gens qui vous écoutent simultanément, il faut dire : soyez solitaires ; sachez ne pas dépendre les uns des autres. J'admire ceux qui peuvent le faire sans rire ni perdre la face.

L'altruisme est peut-être notre attribut le plus primitif, désormais hors d'atteinte, échappant à tout contrôle. Ou peut-être est-il directement à portée de la main, prêt à être « déclenché », déguisé, dans nos civilisations modernes, en affection, en amitié, en attachement. Je ne vois rien de déraisonnable à soutenir que des chaînes d'ADN, enroulées sur elles-mêmes dans nos chromosomes, codent l'instinct qui nous pousse à nous rendre utiles. Le besoin de se rendre utile pourrait bien se révéler le trait le plus déterminant de l'aptitude à la survie, plus important que l'agression, plus efficace, à long terme, que l'instinct d'appropriation. Si tel est le genre d'information biologique que la science peut apporter à l'avenir, pour nous comme pour les fourmis, alors vive la science !

Mais il est une chose que j'aimerais savoir par-dessus tout : quand toutes ces fourmis ont constitué une fourmilière, quand elles sont toutes là, à se toucher, dans une débauche d'échanges, quand cette masse entière commence à se comporter comme une gigantesque créature unique, et *pense*, que diable peut bien être cette pensée ? Et pendant que nous y sommes, j'aimerais savoir autre chose : quand cela se produit, une seule fourmi en a-t-elle conscience ? Une fourmi peut-elle avoir la chair de poule ?

Drôlement intelligent pour son âge
(Notes pour un discours d'ouverture dans une faculté de médecine)

Messieurs,

En ce moment même, quelque part, à l'autre bout de la galaxie, sur une lointaine planète située très exactement à la bonne distance d'une étoile de la bonne magnitude et de la bonne température, un comité après une année d'études consacrées à notre minuscule et provincial système solaire, va conclure. Les êtres pensants qui peuplent ce lieu sont en train d'apposer leur signature (une série de chiffres, n'en doutons pas) au bas d'un Mémoire par lequel ils établissent, sans doute possible, que la vie est hors de question chez nous et que notre misérable planète ne vaut même pas que l'on organise une expédition. Leurs instruments ont en effet détecté la présence du plus mortel de tous les gaz, l'oxygène, et voilà qui suffit à mettre un terme à toutes les spéculations. Ils avaient formé le projet de venir jusqu'ici en apportant des unités mobiles de fabrication de l'ammonium nécessaire à la vie, mais à quoi bon risquer la mort par asphyxie ?

Je ne crois pas un mot de ce que je viens de vous raconter. Ou plutôt, si : je crois à l'existence de ce comité. C'est pour moi un article de foi, l'aspect le plus fondamental de la nature que nous connaissions. Pour entreprendre de rechercher des traces de vie à la surface d'autres corps célestes, il convient de se munir d'un appareillage ultra-sensible, capable de détecter la présence éventuelle de comités. S'il y a de la vie, il y aura des consortiums, il y aura une collaboration de groupe, il y aura des équipes de travail, partout, toujours.

Du moins est-ce vrai de ce que nous appelons la vie, sous la forme que nous connaissons.

Mars, pour autant que nous puissions en juger jusqu'ici, est une planète épouvantable. Selon toute apparence, c'est une planète morte, morte comme un caillou, plus morte que tout ce qu'il a été donné de voir à chacun d'entre nous. Elle offre un spectacle proprement insoutenable. Si l'on veut bien y penser, c'est probablement le seul endroit vraiment mort de quelque importance que nous ayons eu l'occasion d'observer de près et c'est une vision incroyablement triste.

A moins que la vie n'existe bel et bien sur Mars et que nous soyons jusqu'ici complètement passés à côté. La nuée de conseillers et d'experts innombrables qui orbitent autour de la NASA est actuellement agitée par ce débat ; il suscite force arguments qui, pour être passionnés, n'en sont pas moins hautement techniques. Existerait-il une enclave, un îlot de vie, au fond de l'un des « canaux » qui courent à la surface de la planète rouge ? Ne conviendrait-il pas d'expédier des flottes de véhicules terrestres explorer diverses régions de la surface martienne, fouiner çà et là, pénétrant dans les crevasses les plus profondes, humant la vie comme un chien les truffes ? Peut-être existe-t-il un lieu unique, rien qu'un, où des organismes vivants auraient fait leur trou.

Peut-être, oui, mais ce serait une bizarrerie extrême, absolument incompréhensible. Car ce genre de vie ne nous est guère connu. Nous ne possédons pas de créatures solitaires, isolées. Et notre imagination est tout à fait incapable de concevoir une forme de vie unique, singulière, qui existerait seule, indépendamment de toute autre.

Si l'on déposait un véhicule, ou un milliard de véhicules, à la surface de notre propre planète, on aurait une vague chance de rencontrer un point dépourvu de toute vie, mais à condition de ne prélever que des échantillons minuscules. On trouve des êtres vivants dans nos plus brûlants déserts comme au sommet glacé de nos montagnes les plus froides. Même dans les échantillons de roche très ancienne récemment excavés en Antarctique, il existe des organismes endolithiques, confortablement lovés au creux des espaces poreux que l'on trouve sous la surface de la roche et ces organismes sont aussi vivants que les pétunias dans la vitrine d'un fleuriste.

Si l'on découvrait sur Mars une forme de vie unique, en un lieu unique, comment diable l'expliquerait-on ? Il existe un terme technique pour désigner une telle éventualité, celui d'*écosystème fermé*. Mais c'est bien là que réside l'énigme. Nous ne possédons pas d'écosystème fermé, ici-bas. Ou plutôt, le seul écosystème fermé que nous connaissions, c'est la terre elle-même, et encore, à condition d'inclure le soleil dans le système, et Dieu sait quelles quantités de minéraux indispensables qui nous sont venus du cosmos, à un moment ou un autre, depuis fort longtemps.

Tout ce qui vit ici-bas le fait grâce à la vie de tout le reste. Toutes les formes de vie sont liées entre elles. D'où mon image de comité, base de toute existence. De tous les « comités » celui qui occupe la position la plus centrale et qui porte le plus de responsabilité, celui qui, plus que toute autre compagnie, assure la pérennité du fonctionnement de l'ensemble, c'est l'innombrable famille des microbes procaryotes, dépourvus de noyau. Sans le coup de pouce initial des bactéries, nous n'aurions jamais eu suffisamment d'oxygène pour vaquer à nos occupations, de même que nous n'aurions su où trouver ni comment fixer l'azote qui permet de fabriquer des enzymes et nous aurions été incapables de recycler la matière vivante pour les générations futures.

On peut donner, de tout système, la définition technique suivante : un système est une structure dont tous les éléments interagissent et communiquent les uns avec les autres. Individuellement ou conjointement, ces divers éléments fonctionnent pour parvenir à la réalisation d'un objectif commun, résultant de l'action concertée de toutes les composantes individuelles. Voilà une définition qui convient parfaitement à notre terre, à l'exception, toutefois, de sa dernière partie. Quel peut bien être, en effet, notre objectif commun, à nous tous qui peuplons la Terre ? Que diable sommes-nous venus faire dans cette galère ?

Pour notre espèce, c'est là que le bât blesse. Il en est parmi nous pour se débarrasser du problème en décrétant que notre situation est ridicule, que le globe est ingouvernable, et que nous ne sommes, en conséquence, responsables que de nous-même. Et pourtant, il n'y a pas moyen d'y échapper : nous sommes bel et bien des composantes parmi d'autres d'un système de vie fort dense et d'une complication fantastique, nous sommes inextricablement empêtrés dans les innombrables interrelations de la vie, et nous n'avons pas la moindre idée de ce qui nous attend ni du point où nous sommes parvenus.

La Terre se tient, elle forme un tout cohérent, un ensemble de tissus qui ont toute l'apparence d'une structure dont la signification serait compréhensible, pour peu que nos connaissances soient suffisantes. Dès que l'on s'éloigne un peu, pour la photographier depuis la Lune, par exemple, on dirait une espèce d'organisme. Si l'on envisage la totalité de son existence d'un point de vue chronologique, c'est manifestement un organisme qui se développe, comme quelque énorme embryon. Malgré sa taille stupéfiante, les unités innombrables qui le composent et l'infinie variété des formes de vie qu'il abrite, il est parfaitement cohérent. La vie de chacun de ses tissus dépend de tous les autres ; il se développe par symbiose et l'invention de nouveaux modes d'associations symbiotiques est un processus fondamental de son embryogenèse. C'est une évolution dont nous ignorons toutes les règles. Nous avons beaucoup appris, et jusqu'à des détails qui relèvent de la biomathématique, de l'évolution des espèces terrestres, mais nous attendons encore le Darwin qui prendra en compte la croissance et la différenciation ordonnée et simultanée de cet étonnant système dans son ensemble – pour ne rien dire de sa survie qui semble bien permanente. C'est un problème passionnant : comment des mécanismes qui semblent tout entiers gouvernés par le hasard parviennent-ils à créer de nouvelles espèces qui s'intègrent utilement à l'ensemble avec une telle précision qu'on croirait les cellules d'un organisme unique ? C'est une merveilleuse énigme.

Et, désormais, les êtres humains ont

essaimé partout comme des abeilles, transformant tout, mettant leur nez partout, faisant semblant d'être les maîtres, n'hésitant pas à mettre en danger la survie de cette magnifique créature tout entière.

On pourrait nous pardonner, ou du moins nous excuser, en raison de notre ignorance. De cette dernière, on peut en tout cas dire en notre faveur que nous commençons enfin d'en prendre conscience. Nulle autre époque de notre brève existence n'a vu les êtres humains progresser aussi vite – et à leurs dépens – dans la compréhension de l'étendue et de la profondeur de leur ignorance des choses de la nature. Nous avons commencé à faire face à cette réalité et à tenter d'y porter remède avec l'aide de la science. Si nous savons nous y prendre, et si nous avons de la chance, là est peut-être le salut. Mais nous partons pratiquement de zéro et nous avons un long, un très long chemin à parcourir.

Loin de moi, pourtant, l'idée de dénigrer notre espèce ; je lui voue au contraire une admiration fervente et je n'ai que faire de nos penseurs à la mode qui jugent bon de tenir l'être humain pour quantité négligeable au sein de la nature. Nous sommes, bien au contraire, une magnifique manifestation de la vie et l'une des plus spectaculaires. Nous possédons le langage et savons construire des métaphores avec autant d'habileté et de précision qu'en apportent les ribosomes à la fabrication des protéines. Nous sommes doués d'affection. Nous possédons des gènes qui nous poussent à nous rendre utiles ; et je ne vois guère ce qui pourrait être plus proche de la notion d'*objectif commun* de la nature tout entière que cette idée d'utilité. Enfin – et j'ajouterai : par-dessus tout, peut-être – nous avons la musique. Une espèce capable de produire, dans les tout premiers âges de son évolution, dans l'enfance pour ainsi dire – presque aussitôt qu'apparue, à l'échelle de l'histoire des espèces –, la musique de Jean-Sébastien Bach ne peut être entièrement mauvaise. Nous pourrions nous rassurer quant à l'avenir avec un Julian de Norwich, par exemple : « Mais tout sera bien et tout sera bien et toute chose sera bien. » Et si la culpabilité nous ronge, nous nous tournerons vers Montaigne : « Si l'on ne passait pour fou quand on parle tout seul, il ne serait jour où l'on ne m'entendrait grommeler contre moi-même : ‘ Maudit fol ! ’ »

Et pourtant, s'il est un sentiment que nous nous interdisons, c'est bien la sécurité. Uniques, peut-être, en cela, parmi toutes les créatures qui peuplent la terre, nous sommes l'animal de l'inquiétude. Nous nous rongeons d'inquiétude nos vies durant, redoutant l'avenir, mécontents du présent, incapables de nous faire à l'idée de la mort, incapables de tenir en place. Mais nous mériterions, selon moi, d'avoir meilleure presse. Nous avons toujours possédé une intuition assez fine de nos origines, ce qui est tout à notre honneur ;

à la langue la plus ancienne que nous connaissions, l'indo-européen, nous avons emprunté le mot « terre » – Dhghem – et nous en avons fait « humus » et « humain ». Mais aussi « humble », ce qui ajoute à notre mérite. Nous sommes indiscutablement l'espèce la plus obstinément sociale et nous dépendons plus les uns des autres que les fameux insectes sociaux – qui ne nous arrivent pas à la cheville, si l'on veut bien prendre la peine de considérer les choses, pour l'imagination et l'adresse dont nous faisons preuve dans l'organisation de notre vie sociale. En cela nous excellons ; c'est ainsi que nous avons bâti toutes nos cultures et la littérature de nos civilisations. Nous nous montrons fort exigeants en matière de comportements sociaux et nous avons établi à cet égard un ensemble de critères très élevés. Quand nous manquons à les respecter, mettant ainsi en danger la survie de l'espèce – ce qui s'est produit à plusieurs reprises au cours de ce siècle –, les qualificatifs les plus forts que nous puissions trouver pour stigmatiser notre échec et notre comportement sont en eux-mêmes révélateurs : « inhumain », « inhumanité ».

L'humaine condition n'a strictement rien d'absurde. Nous avons matière à satisfaction, nous comptons. Il ne me paraît pas déraisonnable de penser, comme bon nombre de ceux qui ont consacré leurs réflexions à la question, que nous pourrions bien être occupés à bâtir quelque chose comme l'esprit, l'intelligence, de cet organisme vivant que constitue notre planète. Si tel est le cas, nous n'en sommes encore qu'au tout premier stade de notre aventure, occupés à tripatouiller le langage et la pensée, mais pleins de remarquables promesses pour l'avenir. Car notre capacité semble infinie. Quand on considère les choses de cette manière, on ne peut manquer d'être frappé par le chemin déjà parcouru en si peu de temps – une fraction de seconde si l'on envisage la durée en termes de temps géologique. Bref, le petit dernier est drôlement intelligent pour son âge.

De la magie en médecine

Le public a toujours réclamé à la médecine l'explication des maladies qu'elle traite et l'une des plus anciennes préoccupations de la profession fut de formuler des théories aussi complètes et unifiées que possible. Dans les tout premiers temps, les agents pathogènes étaient des esprits hostiles qu'il était nécessaire d'exorciser, et la tâche qui incombait au chaman était tout simplement l'amélioration des techniques d'incantation. Par la suite, et plus particulièrement en Occident, l'idée que la distribution des humeurs à travers les différents organes commandait le cours de toutes les maladies fit son apparition, avec son cortège de saignées, de ventouses, de clystères et de purges. Au début du siècle, on vit surgir la théorie de l'auto-intoxication, et une bonne part de la thérapeutique visa alors à vider le gros intestin et à veiller à ce qu'il demeurât vide. Puis la notion générale de foyer infectieux gagna de nombreux adeptes avec son corollaire, la réaction allergique aux microbes pathogènes qu'on supposait responsables de l'infection. C'est une conception que des patients innombrables ont payé de leurs dents, de leurs amygdales, de leur vésicule ou de leur appendice, dont l'ablation était soudain devenue le fin mot de la médecine. Dans les années 30, foyer infectieux et réaction allergique furent oubliés au profit des influences psychosomatiques.

Mais, parallèlement à cette évolution, certaines des maladies les plus graves au fur et à mesure qu'on en identifiait la cause indiscutable et qu'on apprenait à les traiter ont échappé, l'une après l'autre, au champ d'application de ces divers systèmes. Le meilleur exemple en est la tuberculose. C'est la plus chronique et la plus inexorable des maladies communes. Elle attaque la quasi-totalité des organes et subit manifestement l'influence de divers facteurs – surpopulation, malnutrition, habitat, pauvreté. Des théories invoquant le climat en général, et l'air nocturne ou l'absence de soleil en particulier, donnèrent naissance à une thérapeutique fondée sur des séjours en station climatique et thermale. Il fallut attendre la mise au point de l'actuelle chimiothérapie pour que tout le monde comprenne qu'une cause unique, fondamentale, est à l'origine du mal. Il suffit de se débarrasser du bacille tuberculeux pour se débarrasser de la maladie.

Mais cette victoire appartient déjà au passé et l'idée que des affections compliquées peuvent avoir une cause unique est de nouveau passée de mode. Les infections microbiennes que les antibiotiques permettent de traiter efficacement sont considérées comme d'heureuses anomalies. Infections mises à part, la théorie la plus répandue à l'heure actuelle considère que la plupart des maladies de l'homme sont multifactorielles par nature et causées par deux grands faisceaux de mécanismes : ceux qui tiennent à l'environnement et ceux qui tiennent au style de vie de chacun. Pour permettre une médecine efficace, on admet couramment qu'il faudra transformer l'environnement et modifier, voire bouleverser, les diverses manières de vivre de chacun d'entre nous.

Rien ne me permet d'affirmer que c'est faux, mais il nous faudra attendre bien longtemps la découverte de preuves concluantes, et la magie a donc encore de beaux jours devant elle.

La recherche de réponses nettes et sans détour se heurte d'emblée à une grosse difficulté : un grand nombre des maladies en question ont en effet une évolution parfaitement imprévisible, et certaines manifestent une forte tendance à la guérison spontanée. Prenons la polyarthrite rhumatoïde. Voilà une maladie pour le traitement de laquelle les thérapeutiques les plus disparates, du port d'un bracelet de cuivre au changement de climat, en passant par toutes sortes de régimes pauvres en ceci ou en cela – sucre, sel, viande, etc. – sont considérées comme efficaces par tel ou tel malade. On a même vu des cas de guérison attribués à la lecture d'un ouvrage passionnant ! Mais comment se prononcer quand on sait que 35 % environ des gens chez qui ce mal a été diagnostiqué guériront quoi qu'ils fassent ? Pour qui est atteint d'arthrite rhumatoïde – comme d'ailleurs de schizophrénie – et qui s'en remet, il est difficile de se persuader que la cause de la guérison n'est pas à rechercher dans *quelque chose que l'on a fait*. Et, pour le médecin, la difficulté est la même. D'où la nécessité de fonder ses conclusions sur l'observation d'un grand nombre de patients, de disposer de beaucoup de temps et de savoir garder la tête froide.

On assiste donc au retour en force de la magie. Le « Léatrile », un extrait de noyau d'abricot, guérit le cancer, l'acupuncture permet de traiter la surdité et les douleurs lombaires, les vitamines sont une panacée, tandis que la méditation, le yoga, la danse, l'expression corporelle, le *biofeedback* (la biorétroaction), voire le fait de hurler des insanités dans une salle surpeuplée ou de briser des piles d'assiettes, sont autant de remèdes spécifiques à l'humaine condition. Quant à la course à pied, activité qui devrait trouver son intérêt en elle-même, on lui attribue aujourd'hui les vertus curatives naguère réservées à des simples rarissimes d'Indonésie.

On voit régulièrement reparaître, dans les pages du *New York Times*, une publicité de la

Croix Bleue* qui nous adjure de profiter des découvertes de la science pour modifier nos habitudes de vie. Ce faisant, nous promet-on, et pour peu que nous respections sept règles de vie faciles à adopter, nous gagnerons jusqu'à onze années de vie supplémentaires. L'espérance moyenne de vie étant aujourd'hui aux États-Unis de 72 ans pour les deux sexes, chacun d'entre nous pourrait donc vivre jusqu'à 83 ans. Et que faut-il faire pour obtenir un résultat aussi impressionnant? Rien que de fort simple, nous dit-on : prendre chaque jour un petit déjeuner, faire régulièrement de l'exercice, surveiller notre poids, cesser de fumer, boire sans excès, dormir huit heures par nuit et ne pas manger entre les repas.

Où la science est-elle allée chercher ces recettes lumineuses? Dans une étude à laquelle se sont livrés des épidémiologistes californiens, sur la base d'un questionnaire proposé à sept mille sujets environ. Cinq ans après, on passa au crible les certificats de décès de l'État et l'on examina soigneusement les réponses des 371 personnes qui étaient mortes sur les sept mille qui avaient répondu au questionnaire. On recensa évidemment plus de décès chez les grands fumeurs et les gros buveurs; la fréquence du cancer des poumons chez les fumeurs, des cirrhoses et

* Blue Cross, organisme d'assurance-maladie volontaire (N.d.T.).

des accidents d'auto chez les buveurs pouvait le laisser prévoir. Mais on constata également une mortalité plus élevée parmi les gens qui avaient déclaré ne pas prendre de petit déjeuner, et plus élevée encore parmi ceux qui ne pratiquaient pas de sport, pas le moindre, pas même la traditionnelle sortie dominicale en auto pour un pique-nique familial. Jusqu'à 20 % de surcharge pondérale, les obèses ne semblaient guère menacés, ce qui ne laisse pas d'être surprenant. En revanche, la mortalité était manifestement plus forte parmi les gens trop maigres.

L'article scientifique dans lequel furent consignées ces observations a été fort abondamment cité, et pas seulement par la Croix Bleue. Les grands magazines populaires font de fréquentes allusions aux Sept Préceptes de Santé que l'on voit aussi revenir dans les colonnes des quotidiens. Chaque fois, on nous promet ces fameux onze ans de vie supplémentaires.

Les résultats de l'enquête cadrent parfaitement avec ce qui est en passe de devenir l'opinion la plus répandue dans le public à l'égard de la maladie. Si l'on tombe malade, c'est que l'on vit mal. D'une manière ou d'une autre, les malades atteints de cancer n'ont à s'en prendre qu'à eux-mêmes : ceux qui ne l'ont pas favorisé en fumant, en buvant ou en se nourrissant mal ont probablement payé leur entêtement à mener une existence qui ne leur convenait pas dans un environnement pernicieux. Vous souffrez de troubles coronariens ? C'est que vous n'avez pas suffisamment couru. Ou bien que vous étiez trop tendu. Vous aviez les yeux plus grands que le ventre, une ambition démesurée. Vous ne dormiez pas assez. Vous avez trop grossi. C'est de votre faute.

Mais le petit déjeuner ? Ici, on est en présence d'un véritable enchantement, de magie à l'état pur.

Il faut relire avec grand soin le rapport d'enquête pour découvrir dans ses conclusions une autre possibilité d'explication, bien plus banale. Laissons de côté le taux de mortalité chez les tabagiques et les ivrognes, qui n'a rien d'étonnant, puisque tabagisme et boisson sont deux habitudes réellement dangereuses. Mais comment imaginer une bonne raison de mourir dans les cinq ans si l'on s'abstient de consommer un bon petit déjeuner – ou d'ailleurs n'importe quel petit déjeuner ?

Il s'agit en fait d'inverser les causes et les effets. Parmi ceux des sept mille sujets qui répondirent qu'ils ne prenaient pas de petit déjeuner, n'allaient jamais en pique-nique, maigrissaient et souffraient d'insomnie, il y en avait forcément un certain nombre qui étaient *déjà malades* quand ils répondirent au questionnaire. S'ils ne prenaient pas de petit déjeuner, c'est qu'ils ne pouvaient supporter la vue de la nourriture. C'étaient des gens qui avaient perdu l'appétit, qui maigrissaient, qui ne se sentaient plus guère la force de se déplacer et avaient du mal à trouver le sommeil. S'ils ne jouaient pas au tennis et ne partaient pas en pique-nique, c'était qu'*ils ne se sentaient pas bien*. Certains d'entre eux souffraient probablement d'un cancer non dépisté, peut-être du pancréas. D'autres avaient sans doute de l'hypertension, des troubles rénaux ou quelque autre affection organique que le questionnaire ne pouvait détecter. L'étude ne fait pas apparaître les causes de la mort des 371 cas envisagés mais on peut affirmer que quelques décès dus à ces troubles non dépistés suffisaient à faire pencher la balance statistique. L'auteur de la communication a d'ailleurs pris soin de noter ces interprétations possibles mais sans guère insister, de telle sorte que sa lecture donne plutôt à penser qu'il suffit de manger un petit déjeuner et de jouer au tennis pour accéder à la vie éternelle.

Le grand succès que remportent ces Sept Préceptes de Santé en dit long sur les attitudes qui prévalent aujourd'hui dans le public, ou du moins dans l'opinion publique, à l'égard de la maladie et de la mort. Les gens ont toujours eu besoin de causes simples, faciles à comprendre et sur lesquelles l'action individuelle soit possible. Si l'on croit que le jogging, l'espoir, une alimentation et un sommeil réguliers permettent d'éviter les causes les plus répandues d'une mort prématurée – cancer, affections cardio-vasculaires et apoplexie, toutes maladies dont la pathogenèse nous est mal connue –, on a tout lieu de se réjouir. D'autant que, si cela ne fait pas de bien, cela ne risque guère de faire de mal. La médecine a survécu à bien d'autres théories conçues pour expliquer l'ensemble des maladies humaines et dont les effets n'étaient pas toujours aussi bénins que ceux qu'on est en droit d'attendre de la mode actuelle. Après tout, si l'on peut amener les gens à cesser de fumer, à s'abstenir des excès de boisson et de mangeaille et à prendre régulièrement un peu d'exercice, la plupart d'entre eux ne pourront que bénéficier d'une vie plus ordonnée et plus raisonnable et bon nombre verront qu'ils ont tout à y gagner du point de vue de l'esthétique.

Bref, il est bel et bon de chercher à garder la forme et nul ne pourrait trouver à y redire, mais il convient d'observer la plus extrême prudence quand on aborde le chapitre des promesses et du bénéfice que l'on peut escompter.

Ajoutons qu'en dehors même de la superstition inconsciente qui a peut-être assuré le succès de la doctrine (7 et 11 sont traditionnellement des chiffres porte-bonheur) elle possède un contenu idéologique qui lui confère un pouvoir de séduction très ambivalent. Aux deux extrémités de l'éventail politique, on peut y trouver des éléments satisfaisants. A l'extrême droite, on sera rassuré d'apprendre que c'est en dernier ressort l'individu, le bon vieux citoyen, épris de liberté et d'indépendance, qui est responsable de sa propre santé. Quand les choses se gâtent, il n'a qu'à s'en prendre à lui-même, il « n'avait qu'à » fumer, boire et manger moins (et puisqu'il a mal vécu, il « n'a qu'à » payer, c'est justice). A gauche, cependant, on sera content d'entendre dire que tous nos problèmes de santé, y compris la mort elle-même, découlent de l'incapacité de notre société à assurer une existence à chacun de ses membres. Pour améliorer la santé publique, ce n'est pas la recherche qu'il convient de développer, non, il faut détruire notre société et la remplacer par une autre, en inventer une meilleure. A droite et à gauche, tout le monde est content.

Entre ces deux extrêmes, les sceptiques ne sont pas à la fête. Il est beaucoup plus difficile de convaincre en avouant son ignorance qu'en prétendant connaître et comprendre parfaitement les mécanismes qui président à la genèse et à l'évolution de toutes les maladies. Surtout quand, logiquement ou non, cette compréhension débouche sur une quelconque forme d'action. Sur le chapitre des maladies graves, le public manifeste une tendance bien compréhensible à accueillir avec scepticisme les déclarations des sceptiques et à croire celle des vrais croyants. C'est le plus ancien dilemme de la médecine, et l'honnêteté, la franchise et l'éloquence sont impuissantes à le résoudre. Il y faut du temps, beaucoup de temps, et de la patience, en attendant que la science, comme elle l'a déjà fait dans le passé, vienne trancher le débat en apportant des faits irréfutables.

La merveilleuse erreur

La molécule d'ADN est sans conteste, à ce jour, l'invention la plus extraordinaire de la nature. Elle est apparue à l'origine au sein de la première cellule, quelque part dans les eaux troubles de la planète qui commençait à refroidir, voilà quelque trois milliers de millions d'années. La totalité des chaînes d'ADN de toutes les cellules de la terre ne sont qu'une extension, un prolongement de cette première molécule. Dans ce domaine fondamental, nous ne pouvons prétendre avoir progressé, puisque la méthode qui préside au développement et à la réplication de l'ADN n'a pratiquement pas changé.

Mais nous avons progressé dans bien d'autres domaines. Malgré la mode qui voit d'un fort mauvais œil ceux qui accolent les mots « évolution » et « progrès » parce que ce dernier, au sens d'amélioration, implique une espèce de jugement de valeur extra-scientifique, je ne puis imaginer terme plus adéquat pour décrire ce qui s'est passé. Et comment échapperait-on à l'idée que le passage d'un système de vie fondé sur l'existence d'une unique cellule microbienne, végétant en mornes colonies au sein d'un matelas d'algues primitives, à tout ce qui nous entoure aujourd'hui – Paris, l'État d'Iowa, l'université de Cambridge, Woods Hole*, l'étagement des cascades et des lacs entourés de travertins qui font comme les marches d'un escalier géant, à Plivitce, en Yougoslavie, et le marronnier de mon jardin, et les colonnes de neurones organisés en modules dans le cortex cérébral des vertébrés –, comment échapperait-on donc à l'idée que ce passage a forcément représenté une amélioration ? Voilà une molécule qui a fait du chemin !

Jamais nous n'y serions parvenus avec la seule intelligence humaine, quand bien même des spécialistes de la biologie moléculaire auraient été, à l'aube des temps, expédiés par satellite, depuis d'autres systèmes solaires avec leurs laboratoires et tout leur équipement. Certes, l'évolution nous a permis de produire des scientifiques et nous avons appris des tas de choses à propos de l'ADN ; mais si nous avions dû, avec notre forme d'esprit, nous attaquer au problème de la création, à partir de zéro, d'une molécule de ce genre, nous en eussions été incapables. Nous nous serions rendus coupables d'une erreur

* Lieu de rencontres scientifiques (N.d.T.).

fatale : notre molécule à nous aurait été parfaite. Imaginer une molécule capable de se reproduire, avec les nucléotides, les enzymes et tout le tremblement, c'était une simple question de temps, nous y serions parvenus. Elle aurait donné des répliques irréprochables, sans un seul défaut, car, vu notre façon de penser, nous ne nous serions jamais avisés qu'il fallait laisser à la molécule la faculté de commettre des erreurs.

Cette capacité de commettre de petites erreurs, voilà la véritable merveille de l'ADN. Sans cette qualité spécifique, nous serions encore des bactéries anaérobies et la musique n'existerait pas. Envisagées une par une, chacune des mutations infimes dont nous représentons le résultat final n'a été qu'un accident, un fait de hasard parfaitement spontané. Ce qui n'est pas un hasard, c'est que toutes ces mutations se soient produites : dès l'origine, la molécule d'ADN était organisée pour commettre de petites erreurs.

Si nous en avions été responsables, nous aurions trouvé un moyen de corriger cela, et l'évolution se serait arrêtée tout net. Qu'on imagine la consternation des scientifiques qui verraient soudain apparaître, au milieu des cellules procaryotes, dépourvues de noyau, comme le sont les bactéries, qu'ils auraient appris à reproduire à la perfection, des cellules aberrantes, pourvues d'un noyau. On voit d'ici les commissions d'enquête réunies à la hâte pour expliquer cette scandaleuse prolifération, et les mises à pied, et les démissions en masse.

L'erreur est humaine, dit-on, mais cette idée n'est guère à notre goût. Et nous avons plus de mal encore à admettre que l'erreur est biologique. Nous préférons nous en tenir strictement au programme et nous prémunir contre tout changement intempestif. Et pourtant, pas moyen d'y échapper : nous sommes ici par le plus grand des hasards ; pire, nous sommes le résultat d'une erreur. A un moment donné, il a bien fallu que les nucléotides fussent écartés pour céder la place à d'autres. Peut-être des virus sont-ils intervenus, transportant des bribes de génomes étrangers ; peut-être des radiations solaires, ou cosmiques, ont-elles ouvert de minuscules crevasses dans la molécule ; bref l'humanité est née.

Et peut-être qu'étant donné l'instabilité fondamentale de cette molécule, peut-être ne pouvait-il en être autrement. Car, au fond, étant donné l'existence d'un mécanisme destiné à modifier sans cesse les formes de la vie, étant donné que toutes les formes nouvelles doivent s'intégrer les unes aux autres pour donner un tout cohérent – ce qui est manifestement le cas –, étant donné, enfin, que chacun des gènes nouveaux résultant de cette improvisation permanente a toutes les chances d'être sélectionné pour l'espèce chaque fois qu'il représente une amélioration de l'individu, peut-être qu'avec le temps le système est absolument contraint d'aboutir tôt ou tard à la création d'un cerveau, à la création de la conscience.

La biologie aurait besoin d'un terme plus approprié que le mot « erreur » pour désigner la force motrice de l'évolution. A moins que l'on décide de se contenter d'erreur, en définitive, en se souvenant que le mot provient d'une vieille racine qui signifie aller au hasard, vaquer à la recherche de quelque chose.

Errare humanum est

Les erreurs d'ordinateur sont devenues si banales, de nos jours, que chacun d'entre nous a eu l'occasion d'en faire personnellement l'expérience une fois au moins dans sa vie. C'est votre compte en banque qui saute soudain de 379 francs à 379 millions, c'est un appel de telle ou telle organisation charitable adressé à un inconnu affublé d'un patronyme incroyable qui se retrouve avec une persévérance diabolique dans votre boîte aux lettres, c'est le grand magasin qui vous adresse une facture destinée à un autre, ce sont les PTT ou l'EDF qui vous menacent de coupure immédiate alors que vous avez toujours acquitté ponctuellement les notes du téléphone, du gaz et de l'électricité. Quand on parvient enfin à entrer en contact avec un être humain responsable, on reçoit dans les plus brefs délais une missive suant la culpabilité et tapée par l'imprimante du même ordinateur, qui dit à peu près ceci : « Notre ordinateur a commis une erreur, les corrections nécessaires seront apportées à votre compte dans les meilleurs délais. »

Et tout le monde est intimement persuadé

qu'il s'agit là de purs accidents, parfaitement fortuits. L'erreur n'est pas censée faire partie du comportement normal d'une bonne machine. Tout cafouillage doit immanquablement résulter d'une erreur individuelle, d'une erreur humaine. Quelqu'un aura tapé la mauvaise touche, enfoncé le mauvais bouton, un maladroit, un distrait se seront « emmêlé les pédales ». L'ordinateur, quant à lui, est normalement infaillible.

J'avoue que je me demande s'il en est bien ainsi. L'idée même de l'ordinateur, son intérêt fondamental ne sont-ils pas qu'il représente une manière d'extension, de prolongement du cerveau humain, considérablement amélioré certes, mais humain ou, à la rigueur, surhumain ? Un bon ordinateur devrait être en mesure de penser assez vite et assez clairement pour battre un homme aux échecs et on en a même programmé pour qu'ils composent de la poésie hermétique. Bref, ils sont capables de faire tout ce que nous faisons, et plus encore.

On ignore encore si les ordinateurs possèdent une conscience qui leur est propre et c'est là une question à laquelle il ne sera pas facile d'apporter une réponse. Pourtant, lorsqu'on pénètre dans l'une des vastes salles bâties aujourd'hui pour ces gigantesques machines, on ne peut manquer d'imaginer que la vague rumeur, le bruissement lointain qui y règnent sont le bruit même de la pensée, illusion encore renforcée par la rotation des bobines ; elles font penser que ces farouches créatures roulent désespérément les yeux dans leur effort pour se concentrer sous le flot d'informations qu'on les contraint à ingurgiter. Certes, dans la réalité, la pensée, comme le rêve, sont bien autre chose.

Et pourtant, pourtant, notre courrier en contient d'innombrables indices, ces machines doivent posséder un inconscient très similaire au nôtre. Extensions du cerveau humain, elles sont dotées de la même capacité d'erreur, spontanée, foisonnante, riche de possibilités.

Les erreurs sont à la base même de la pensée humaine, à sa racine. La pensée s'en nourrit. Si nous n'avions pas ce don inné de l'erreur, jamais nous ne ferions rien de bon. Notre pensée ne progresse qu'en opérant en permanence un choix entre plusieurs possibilités, écartant les mauvaises pour retenir les bonnes. Inévitablement, les mauvaises solutions sont retenues aussi souvent que les bonnes. C'est ainsi que nous progressons dans la vie. Nous sommes faits pour nous tromper, l'erreur est inscrite dans notre code génétique.

L'apprentissage est, dit-on, une suite d'essais et d'erreurs. Et d'*échecs* – pas de réussites, voire de triomphes. Si l'expression toute faite « essai et erreur » *(trial and error)* met ainsi l'accent sur l'échec, ce n'est pas par hasard. C'est bien ainsi qu'il en va dans la vie réelle.

Un bon laboratoire, une bonne banque, une bonne entreprise ou un bon gouvernement doivent fonctionner comme un ordinateur. Tout ou presque s'y fait sans la moindre erreur, selon des procédés bien établis, et l'ensemble des chiffres s'additionnent pour donner les sommes prévues. Les jours passent. Puis, un beau jour, un jour de chance, si l'on a affaire à un laboratoire chanceux, quelqu'un se rend coupable d'une erreur : un produit utilisé à la place d'un autre, un infime déplacement, une erreur de décimale, un degré et demi de trop dans l'étuve, une souris malencontreusement sortie de sa boîte, une lecture erronée du programme quotidien. Quoi qu'il en soit, à la lecture des résultats, on constate qu'il y a manifestement quelque chose qui cloche — et l'action peut commencer.

Ce n'est pas l'erreur de lecture qui est importante, elle ne fait qu'ouvrir la voie. C'est l'étape suivante qui est cruciale. Si le chercheur est capable de se dire : « Faux ou pas, voyons un peu ça », la nouvelle découverte, quelle qu'elle soit, est sur le point d'éclore. Pour progresser, il faut être capable d'agir sur la base de l'erreur initiale.

Chaque fois qu'une nouvelle forme de pensée est sur le point de voir le jour, comme une nouvelle écriture musicale, il est nécessaire que s'ouvrent un débat, une dispute préalables. Quand deux camps antagonistes se dégagent et discourent du même sujet, il est vite entendu que l'un des deux a raison et que l'autre se trompe. La question finit tôt ou tard par se régler à l'avantage de l'un ou de l'autre, mais toute action serait impossible s'il n'y avait d'abord les deux camps en présence et la dispute qui les oppose. L'espoir réside dans la faculté de se tromper, dans la tendance à l'erreur. La capacité de bondir par-dessus des montagnes de données pour atterrir en douceur *du mauvais côté* représente sans doute le don le plus extraordinaire de l'être humain.

Et il se pourrait bien qu'on ait affaire là à un don spécifiquement humain, inscrit, peut-être, dans nos chromosomes. Les autres êtres vivants ne semblent pas disposer de chaînes d'ADN qui feraient de l'erreur un ingrédient banal de leur vie quotidienne, pour ne rien dire d'une erreur programmée, véritable guide de l'action.

L'être humain se montre au plus haut de son génie, véritable acrobate spirituel, quand il affronte des situations qui offrent le choix entre plus de deux possibilités. Il y a parfois jusqu'à dix, voire vingt chemins qui s'ouvrent et tous, sauf un, sont forcément mauvais. C'est la richesse de la sélection qui, dans ce genre de situation, peut nous faire accéder à des domaines entièrement nouveaux. C'est le processus que l'on appelle « exploration » ; il est fondé sur la faillibilité humaine. Si notre cerveau était équipé d'un centre unique, capable de réagir seulement quand une décision appropriée doit être prise, au lieu de cet enchevêtrement de neurones crédules, aisément bernés, prompts à se jeter tête baissée dans toutes les impasses, à tomber dans tous les panneaux, à prendre tous les chemins de traverse, à accepter pour argent comptant tous les faux-semblants – et à n'y voir que du feu, ou du bleu, nous ne pourrions que rester prisonniers à jamais du point où nous sommes parvenus aujourd'hui.

Les animaux inférieurs ne jouissent pas de cette magnifique liberté. Ils sont limités, pour la plupart, à une infaillibilité absolue. Il y aurait beaucoup à dire pour les chats, mais il faut bien reconnaître qu'ils ne se trompent pas. Jamais je n'ai vu de chat maladroit, gauche ou gaffeur. Les chiens, eux, se montrent faillibles à l'occasion, capables de menues erreurs tout à fait charmantes, mais c'est qu'ils font de leur mieux pour imiter leurs maîtres. Les poissons s'acquittent impeccablement de tout ce qu'ils font. Et les cellules qui composent les tissus sont des machines inconscientes, imperturbablement parfaites dans leur fonctionnement, aussi absolument inhumaines que des abeilles.

Voilà ce qu'il faudrait garder présent à l'esprit au fur et à mesure que s'accroît notre dépendance à l'égard d'ordinateurs de plus en plus complexes pour la conduite de nos affaires. Qu'on leur laisse la bride sur le cou et qu'ils aillent à leur guise ! Si nous apprenons à le faire, si nous nous montrons capables de détourner les yeux et de nous tenir à quatre pendant que le travail se fait, j'estime que les possibilités qui s'ouvrent à l'homme – et à l'ordinateur – sont sans limite. Le bon ordinateur moyen est d'ores et déjà capable d'effectuer en un instant des opérations sur lesquelles les meilleurs d'entre nous, armés de leur règle à calcul, devraient passer une vie entière. Qu'on imagine ce que nous aurions à gagner aux erreurs de calcul pratiquement infinies qui sont désormais à portée de notre main, pour peu que nous laissions les machines les effectuer avec toute la précision dont elles sont capables ! Nous serions en mesure de nous attaquer à la résolution des problèmes les plus ardus qui se posent à nous. Comment organiser, par exemple, l'existence de la société à l'échelle planétaire, maintenant qu'il est devenu parfaitement évident que l'humanité ne forme plus qu'une communauté unique ? Pour prendre une hypothèse de travail raisonnable, on est en droit de supposer que toutes les manières justes d'aborder ce problème sont radicalement impraticables. Ce dont nous avons besoin, pour aller de l'avant, c'est une liste beaucoup plus longue et beaucoup plus intéressante de solutions erronées que les misérables erreurs de parcours qui viennent aussitôt à l'esprit de chacun d'entre nous. A vrai dire, c'est une liste infinie qu'il nous faut. Une fois en possession d'une telle liste, il faudra la soumettre à l'ordinateur qui choisira au hasard la route à suivre. Pour peu que l'erreur soit suffisamment importante, nous serons alors tout étonnés de nous retrouver en terrain libre, prêts à repartir du bon pied.

Je est un autre

La psychiatrie traite certains patients qui souffrent de la possession de plusieurs Moi, de plusieurs personnalités distinctes. On a récemment eu l'occasion, lors d'une émission télévisée, de faire la connaissance d'une jeune femme belle et intelligente qui se plaignait ainsi de posséder – ou d'être possédée par – pas moins de huit femmes différentes, qui portaient des noms différents et, n'étant d'accord sur rien, ne cessaient de se disputer la possession des lieux, la plongeant dans une confusion extrême et dans une gêne perpétuelle. Elle(s) ne souhaitai(en)t qu'une chose : se débarrasser d'elle(s), à l'exception, bien sûr, d'elle(s)-même(s).

Les professionnels ont baptisé « hystériques » les femmes de ce genre, quand ce n'est pas « schizophrènes », et je me suis laissé dire que l'on ne pouvait pas grand-chose pour elles. A croire que la possession de plus d'un Moi est considérée comme pathologique en soi et qu'il n'existe aucun moyen efficace de se débarrasser des intrus.

Je ne suis guère convaincu que le nombre de Moi distincts soit en lui-même si pathologique que ça. J'espère bien qu'il n'en est rien. Personnellement, je dois avouer que le nombre de huit me paraît extrêmement raisonnable et d'un maniement aisé. C'est la simultanéité de l'apparition des Moi qui pose problème et j'imagine que la psychiatrie devrait tout simplement s'ingénier à les convaincre de faire la queue comme tout le monde – comme cela se passe en chacun d'entre nous –, les gens normaux. Il doit bien exister une manière de les conditionner – par la promesse de menues récompenses ou la menace de sanctions bénignes, par exemple : « Tiens ! comment allez-vous ? Je suis absolument enchanté de vous voir ici. Mais je dois vous prévenir que je n'ai que cinquante-cinq minutes à vous accorder, après quoi je serai au regret de vous demander de prendre congé, car je dois absolument recevoir quelqu'un d'autre. En attendant, asseyez-vous, je vous en prie. Vous prendrez bien une de ces excellentes bouchées au chocolat ? Et maintenant, causons tranquillement, rien que nous deux ! » Voilà le genre de démarche qui devrait à tout le moins permettre d'introduire un peu d'ordre dans tout ça.

Disons-le tout net : je serais fort marri d'apprendre que la possession de plus d'un Moi constitue une maladie. C'est que j'en ai eu plus que je n'en pourrais compter. La grande différence, qui me permet de continuer à me targuer de ma normalité, c'est que les miens (les nôtres) se sont présentés l'un après l'autre, selon un programme bien ordonné. Il y a cinq ans, j'étais quelqu'un d'autre. J'étais si jeune ! Je faisais et disais des choses avec lesquelles je serais en complet désaccord aujourd'hui. Il y a dix ans, j'étais un inconnu. Il y a vingt, quarante ans... j'ai oublié. Dans mon expérience, la seule chose qui ressemblât tant soit peu à la maladie s'est produite lorsqu'il y a eu solution de continuité dans l'apparition des Moi : l'un s'en allait, ayant terminé son travail, et nul ne se présentait pour le remplacer... Il n'y avait plus personne. Heureusement, cela ne s'est guère produit plus de trois ou quatre fois, pour autant que je m'en souvienne. C'est ainsi que j'étais devenu un très vieil enfant sans que mon adolescent se fût encore présenté pour prendre la relève. Deux ou trois fois, par la suite, le même genre de situation se reproduisit ; une certaine confusion régnait apparemment quant à l'identité de celui qui devait prendre la relève. Le reste du temps, les Moi ont attendu sagement leur tour et sont apparus à point nommé pour prendre le relais, parfois de justesse et avec une certaine précipitation fébrile, mais toujours capables d'avoir les choses en main et de faire tourner la machine. Si quelque chose m'a surpris, ce fut plutôt qu'ils se soient toujours contentés d'une mise au courant vraiment succincte, alors que les temps changent si vite. Qui était-ce déjà, il y a cinq ans ? Je n'arrive plus à me le rappeler. Je sais seulement qu'il s'était mis à étudier la linguistique et venait de découvrir la philologie, mais il est parti avant d'avoir eu le temps de faire grand-chose.

Pour être franc, je dois reconnaître qu'il leur est arrivé d'être là tous ensemble, comme ces hystériques de la télévision, réclamant l'attention à grands cris – un vrai parlement, avec commissions et sous-commissions. Une commission du budget, une commission des réclamations et même, oui, même une commission chargée d'examiner les candidatures et d'entériner l'appartenance de tel ou tel membre – mais jamais je n'ai su comment aucun d'entre eux n'avait été coopté. Pas de président, jamais de président et surtout pas moi. Je suis tout au plus une espèce d'employé aux écritures, une manière de greffier ou de secrétaire de mairie. Il n'y a jamais d'ordre du jour fixé à l'avance. Et c'est toujours moi qui finis par apporter les rafraîchissements.

Quel est le sujet de nos rencontres ? C'est difficile à dire. La porte s'ouvre à la volée, ils se précipitent tous à l'intérieur, demandant l'ouverture de la séance et ils se mettent à vociférer tous à la fois. Mais, bizarrement, leurs paroles ne sont pas brouillées, elles ne se mélangent pas, comme s'ils s'arrangeaient pour espacer leur discours de telle manière que les phrases de l'un s'intercalent toujours dans les silences des autres. Quand tout va bien, on a l'impression d'assister à une conversation d'une terrible complication mais, aux pires moments, on dirait plutôt les bribes que l'on peut saisir dans une gare aux heures de pointe. Parfois, tout se gâte, la belle synchronie des silences est rompue, tous s'interrompent mutuellement, on croirait qu'un coup de vent a tout emporté, mêlant inextricablement les feuillets de toutes les communications.

Jamais nous ne parvenons à rien régler. Au cours de ces dernières années, j'ai senti croître leur impatience à mon endroit – à l'égard de celui qu'ils me croient être – comme à l'endroit de la situation dans laquelle ils se croient bloqués. Ils ne le disent pas aussi nettement, tout à trac, mais ce dont ils commencent à ressentir le besoin de plus en plus pressant, c'est d'un président.

Les pires moments de tous, c'est quand j'ai souhaité être un. Vous pouvez tenter le coup, seul sur la plage, la nuit, sous les étoiles, concentrez-vous, dites-vous : « Sois un, sois un. » Cela ne marche pas – jamais. A l'instant même où vous sentez en vous une élévation, un surgissement, une espèce de tourbillon, accompagné de ce ronronnement de pendule sur le point de sonner, les autres Moi se mettent à parler. Quoi que vous pensiez, ils vous diront que vous n'y êtes pas du tout.

Le système de santé

En bien comme en mal, le système de santé des États-Unis est une entreprise à couper le souffle. Quelles qu'en soient les erreurs et les injustices, ce qui frappe d'abord, c'est le gigantisme de l'effort collectif et son coût. Les sommes, en dollars, dépassent presque la compréhension. Elles changent d'année en année, mais toujours en hausse. On est passé de quelque chose comme 10 milliards de dollars en 1950 à 140 milliards en 1978, selon les plus récentes estimations. Et tout cela n'est rien à côté des années à venir, qui verront l'instauration d'une assurance-maladie à l'échelle nationale. Officiellement, on estime actuellement à 8 % du PNB nos dépenses de santé, chiffre qui pourrait rapidement passer à 10, voire 12 %.

Tels sont les chiffres officiels, concernant les seuls dollars dépensés de manière parfaitement autorisée – charges hospitalières, honoraires des praticiens, prescriptions médicales, primes d'assurance, construction, recherche, etc.

Or, ces dollars ne représentent qu'une fraction du total. Pourquoi limiter l'estimation aux dépenses strictement professionnelles ? Il existe un marché gigantesque, sur lequel des sommes considérables changent quotidiennement de mains pour des articles destinés à améliorer l'état de santé.

L'industrie de la radio et de la télévision, qui constitue une part respectable de l'économie nationale, se nourrit littéralement de la santé ou, pour être plus précis, de la maladie, dont elle tire une bonne part de sa subsistance. Je ne pense pas seulement aux innombrables dramatiques et feuilletons médicaux, et aux épisodes médicaux ou chirurgicaux qui apparaissent dans la plupart des scénarios non médicaux, dont la maladie forme toujours l'un des principaux dilemmes. Mais au cours d'une soirée moyenne, la plupart des annonces publicitaires sont des boniments en faveur de tel ou tel article destiné à restaurer une santé défaillante : il y en a pour les flatulences, l'acidité gastrique, la constipation, les maux de tête, le nervosisme, l'insomnie ou la somnolence, l'arthrite, l'anémie, l'anxiété, les « mauvaises » odeurs corporelles, la transpiration, les dents jaunes, les pellicules, les furoncles et les hémorroïdes. Quant à l'industrie alimentaire, elle tend de plus en plus à se substituer au médecin, elle présente les céréales du petit déjeuner comme autant de vitamines, de toniques et de reconstituants, tandis qu'un nouveau venu aux dents longues tente de lui souffler la place – le racket des « aliments de santé », naturels, biologiques, non chimiques, non pollués, etc. On nous vend du chewing-gum présenté comme un dentifrice. Les vitamines ont pris la place de la prière.

L'industrie du livre et de l'imprimé, collections populaires, livres de poche, magazines, ne semble survivre qu'en s'appuyant sur la santé. Elle propose de nouvelles techniques pour assurer et conserver la santé mentale et spirituelle, des traitements pour l'arthrite et, par-dessus tout, des régimes, des régimes et encore des régimes, principalement pour tout et pour n'importe quoi.

La transformation de notre environnement est elle-même devenue une immense entreprise industrielle, probablement plus coûteuse que la recherche spatiale, et destinée à améliorer la santé publique. La pollution est envisagée comme un problème avant tout médical. Quand le speaker de la météorologie télévisée nous annonce solennellement que l'air de New York est « acceptable » pour la journée, il est persuadé de s'adresser uniquement aux poumons de l'homme. On peut bien empêcher la photosynthèse des algues dans tous les océans du monde, détruire toute vie dans la couche superficielle du sol arable, ou tuer tous les oiseaux, pourvu que la pollution en question ne soit pas cancérogène.

Le tennis est devenu bien plus qu'un sport national, c'est une discipline rigoureuse, une espèce de physiothérapie collective. Le jogging est pratiqué par de véritables cohortes qui, chaque jour, descendent en caleçon dans les rues qu'elles parcourent avec la grâce d'éléphants fuyant l'incendie, dans l'espoir de rester en vie par cet unique moyen. La bicyclette est une cure et non un mode de transport ou de promenade. La méditation est peut-être bonne pour l'élévation de l'âme, mais elle est meilleure encore pour l'hypertension.

La santé est devenue notre principale obsession nationale.

Je vois dans ce phénomène quelque chose de fondamentalement, de radicalement malsain. Ce n'est pas la joie de vivre que nous recherchons. Nous voulons nous prémunir contre l'échec, nous voulons éviter la mort. Nous avons perdu toute confiance dans le corps humain.

Tout le monde s'accorde désormais à nous juger mal conçus, peu fiables, vulnérables à une infinité d'influences hostiles en nous et autour de nous, capables seulement d'une survie précaire et perpétuellement menacée. Nous risquons de nous effondrer à chaque instant, et devons en conséquence nous surveiller constamment et recourir à toutes sortes d'adjuvants pour soutenir une santé à jamais défaillante. Sans les soins attentifs d'un corps de spécialistes intégrés au système national de santé, nous ne tarderions pas à mourir sur place.

C'est une manière absolument neuve de voir les choses, qu'il faut peut-être porter au compte d'une espèce de *propagande* sociale spontanée et non dirigée. Nous ne cessons de nous répéter ce genre de choses les uns aux autres, nous les retrouvons à la télévision, ou dans les hebdomadaires, où nos pires craintes sont ainsi confirmées ; en conclusion, il ne nous reste plus, comme le dit la phrase qui revient comme un leitmotiv, qu'à « consulter un spécialiste ». Faites donc un *check up*, c'est-à-dire un examen complet. Mettez-vous au régime. Méditez. Faites du jogging. Pensez à une intervention chirurgicale. Deux comprimés, le soir, avec un verre d'eau. De l'eau de source, attention ! Si la douleur persiste, si le malaise persiste, si l'ennui persiste, consultez votre médecin.

Le plus extraordinaire, c'est que nous nous soyons ainsi persuadés de la fragilité de notre santé, constamment menacée par les maladies et la mort, au moment même où les faits devraient précisément nous convaincre du contraire. Dans un monde plus raisonnable, on s'attendrait plutôt à voir organiser partout des cérémonies destinées à célébrer notre excellent état général, après deux cents ans d'existence. Au cours de l'année 1976, sur une population d'environ 220 millions d'individus, on a enregistré à peine 1 million 900 000 décès, c'est-à-dire moins de 1 %, chiffre qui n'a rien de décourageant, pour peu que l'on accepte l'existence de la mortalité elle-même. L'espérance de vie moyenne de l'ensemble de la population, sans distinction de sexe, s'est élevée jusqu'à soixante-douze ans, chiffre jamais atteint par le passé. Malgré les maladies graves que nous n'avons pas encore appris à guérir – cancer, affections cardio-vasculaires, congestion cérébrale, arthrite –, la plupart d'entre nous voient s'ouvrir devant eux la perspective d'une vie plus longue et plus saine que n'en pouvaient rêver les générations qui nous ont précédés. Si l'on veut bien se pencher sur les statistiques officielles, on découvrira que les maladies les plus fréquentes dans la population sont les affections gastro-intestinales et les infections des voies respiratoires qui, en général, ne demandent guère plus que des remèdes de bonne-femme. L'amélioration des conditions d'hygiène, de l'alimentation et du logement, et, dans une moindre mesure, les progrès plus récents des vaccinations et l'usage des antibiotiques nous ont débarrassés des grandes maladies infectieuses, au premier rang desquelles la tuberculose et la pneumonie qui fauchaient dans la fleur de l'âge une proportion importante de la population. Nous avons même commencé à faire des progrès dans la compréhension des mécanismes qui sous-tendent la plupart des affections chroniques dont nous ne sommes pas encore libérés, et, tôt ou tard, selon la qualité et l'intensité des efforts déployés pour la recherche biomédicale, nous apprendrons à les traiter efficacement – toutes peut-être. Nous continuerons évidemment de vieillir et de mourir, mais le vieillissement et la mort elle-même peuvent faire partie d'un processus fondamentalement sain. Bref, tout bien pesé, nous avons lieu de nous réjouir de ce que nous sommes et d'envisager l'avenir avec plus d'optimisme.

L'ennui est que nous nous laissons convaincre par la propagande qui ne met pas seulement en danger le moral de la société mais menace de rendre caduque et invivable tout système de santé, quelles que soient ses dimensions et son efficacité. Si l'on apprend aux gens à croire qu'ils sont d'une fragilité fondamentale, qu'ils vivent perpétuellement au bord d'une maladie mortelle et qu'ils ont sans cesse besoin d'une protection médicale tout azimut, assurée par une légion de professionnels, sans pour autant pouvoir se passer de la discipline imaginaire d'une prétendue médecine « préventive », on ne pourra jamais limiter la prolifération délirante des cabinets médicaux, des cliniques et des établissements hospitaliers destinés à satisfaire cette demande démentielle. Aboutissement logique de cette situation, nous deviendrions tous médecins et passerions notre temps à nous examiner les uns les autres.

Si l'on veut bien revenir à la réalité, on conviendra que nous sommes des gens relativement sains. Loin d'être assemblés au petit bonheur, nos organismes sont extraordinairement résistants, durables, débordants de santé, parés à la plupart des éventualités. Le vrai danger qui menace notre bien-être, si nous continuons de prêter une oreille complaisante à tous les racontars, c'est de nous voir devenir une nation de malades imaginaires, d'hypocondriaques parfaitement sains mais tellement ménagers de leur santé qu'ils mèneront de petites existences vétilleuses et précautionneuses, atteints d'angoisses quasi mortelles.

Le temps nous manque pour ce genre d'ânerie. Nous ne pouvons nous permettre de nous laisser ainsi détourner des problèmes infiniment plus importants qui attendent une solution urgente. A vrai dire, nous devrions nous demander si cette obsession de la santé individuelle n'est pas un prétexte, une excuse commode pour filer s'allonger dans sa chambre, non sans l'avoir consciencieusement vaporisée de bactéricides et autres désodorisants, tandis qu'à l'extérieur c'est la société tout entière qui est en train de s'effondrer.

Des clones par milliers

Il est désormais possible, en théorie, de créer des répliques en tout point identiques de n'importe quels plante ou animal, à partir de l'ADN contenu dans le noyau de toute cellule somatique. Convenablement traitée et séduite, une cellule prélevée à l'extrémité d'une racine pourra concevoir une copie de la plante entière. Chacune des cellules de l'épithélium intestinal d'une grenouille renferme la totalité des instructions nécessaires à la « fabrication » d'une grenouille entière, parfaitement semblable à la grenouille « mère ». Si notre technique était suffisamment développée, on pourrait en faire autant avec un être humain, et les Cassandre ne manquent pas pour annoncer que cela serait fait tôt ou tard, de façon à offrir une manière d'immortalité à une élite soigneusement triée sur le volet.

Avec la manipulation du comportement, le génie génétique, la greffe de têtes, la poésie rédigée par ordinateur et la prolifération aberrante des fleurs en plastique, le *clonage* des êtres humains est devenu l'un des clichés favoris sur la liste des dangers de la science.

La reproduction de l'humanité par création de clones est une perspective qui n'a rien de bien folichon, puisqu'elle supprime les rapports sexuels et n'offre, en compensation, qu'une élimination toute symbolique de la mort. Quelle consolation puisera-t-on, en effet, dans l'idée qu'un substitut parfaitement identique, résultant d'un clonage, continuera de vivre, tandis que le Moi original sera tôt ou tard, avec l'âge, mis au rancart pour laisser le champ libre à son *alter ego?* Affection paternelle et respect filial semblent tout à fait hors de question à l'égard d'un unique noyau même pas apparié, et il est encore plus difficile d'imaginer que le nouvel être, autoengendré, puisse être autre chose qu'une espèce d'orphelin absolu. Pour ne rien dire des relations interpersonnelles excessivement délicates et complexes que suppose l'éducation d'un nouveau soi-même que l'on prendra au berceau pour lui inculquer la propreté, la langue, la politesse et une quelconque discipline. Devenir un incorrigible délinquant juvénile, par soi-même interposé, à l'âge de cinquante-cinq ans doit être une expérience effarante.

Quant aux questions d'ordre public, elles sont évidentes. Qui sera choisi et sur quelles bases? Comment évitera-t-on les abus? Qui, par exemple, empêchera les riches, même parfaitement inutiles, voire nuisibles, à la société, de s'offrir un clonage au détriment des pauvres ? Qui empêchera les gouvernements de créer par clonage des masses amorphes, imbéciles et dociles pour leur confier les gros travaux ? Et sur tous ceux d'entre nous, les êtres humains normaux, qui n'aurons pas été « clonés », quel sera l'effet de l'existence d'êtres humains parfaitement identiques ? Ne sommes-nous pas accoutumés, depuis des millénaires, à la jubilation que procure le fait d'être absolument unique ? Chacun d'entre nous est en effet radicalement différent des quatre autres milliards d'habitants de la planète. L'identité – la possession d'une identité unique – est l'un des traits essentiels de la vie. L'idée d'hommes qui auraient perdu le caractère unique de leur identité, pour devenir des modèles reproduits à plusieurs exemplaires parfaitement identiques, a de quoi donner la chair de poule si l'on veut bien y réfléchir.

Mais n'y réfléchissons pas, justement. Car le risque de la voir se réaliser, même dans un avenir lointain, est pratiquement nul. Certes, je reconnais qu'on pourrait parfaitement créer des clones dont la ressemblance physique avec les donneurs serait surprenante, mais, pour le reste, il y a toutes les chances qu'ils soient aussi différents que vous et moi – si j'ose dire – et, en tout cas, plus différents que ne le sont les jumeaux identiques aujourd'hui.

Le temps qu'il faudrait consacrer à l'expérience est déjà un problème de taille. Imaginons, par exemple, que l'on décide de créer le clone d'un diplomate particulièrement brillant et dont les succès ne se comptent plus, afin de lui confier dans un avenir plus ou moins lointain les problèmes du Moyen-Orient. Pour commencer, il faut lui mettre la main dessus et le convaincre de donner l'une de ses cellules, ce qui ne devrait pas être trop difficile. C'est alors que commenceront les vrais problèmes. Avant tout, il faudra attendre une quarantaine d'années – sans compter sa vie embryonnaire – avant de le faire entrer en action et, pendant tout ce temps, il faudra s'assurer de la neutralité bienveillante de tous les observateurs qui se mettront en contact avec lui au cours de son enfance puis de son adolescence peut-être ingrates, en tout cas ambiguës et pas forcément prometteuses.

De plus, il faudrait recréer son environnement, et peut-être bien jusqu'au dernier détail. Par « environnement », dans le cas d'un être humain, on entend en fait des tas de gens, et il serait nécessaire de faire intervenir beaucoup d'autres clonages, en dehors de celui du diplomate.

Nous touchons là au centre du problème qui a été fort négligé jusqu'ici, à cause de l'attrait qu'exerce l'idée du clonage d'un individu d'exception. Sans avoir à adopter la totalité des thèses de B. Skinner, on est bien obligé de reconnaître que l'influence de l'environnement existe et que le mot même d'environnement comporte en fait d'autres êtres humains. Le jargon dispose de toutes sortes d'euphémismes et de périphrases – forces sociales, influences culturelles, et jusqu'à la « communauté verbale » de Skinner lui-même – pour désigner tout simplement la petite foule de proches qui entourent un individu, lui parlent, l'écoutent, lui sourient ou lui font les gros yeux, lui donnent, lui prennent, distribuent taloches, caresses, punitions, récompenses et bourrades. Quelles que soient les qualités inscrites dans le génome, ces gens jouent un rôle important dans la mise en forme d'une personnalité. A vrai dire, muni du seul génome et isolé de tout contact humain, l'enfant ne pourrait devenir tout au plus qu'une espèce de végétal vertébré.

Donc, et pour commencer, il faudrait indiscutablement cloner les parents. La question ne se pose pas. Ce qui signifie que notre diplomate est éliminé d'emblée puisque, même en théorie, personne n'aurait eu l'idée de prélever une cellule sur chacun de ses parents quand ce parangon n'était encore, tout au plus, qu'une promesse. La liste des clonages possibles devrait donc être limitée à ceux qui, ayant fait leurs preuves, ont encore leurs deux parents vivants. Il faudrait cloner les parents et, cela relève de la simple logique, les parents des parents. Là encore, il faudrait obtenir une espèce d'autorisation signée en bonne et due forme, ce qui ne serait pas une petite affaire dans le cas de la plupart des parents que je connais, et qui me paraît même totalement exclu dans le cas des grands-parents.

Et nous n'en sommes qu'au début. Conformément aux théories psychotiques actuelles, c'est la famille entière qui exerce une influence déterminante sur le développement de la personnalité. Clonons donc la famille.

Et après ? L'évolution personnelle de chacun des membres de la famille aura elle aussi été déterminée par son environnement particulier. Cet environnement, c'est d'autres êtres humains, en dehors même de la famille – professeurs, relations, camarades de classe, amants, voisins, voire, dans certaines circonstances particulières, telle personne croisée un jour dans le métro. Il faudra donc les retrouver, et les cloner.

On voit que c'est un processus infini. Chacun de ces étrangers possède à son tour un environnement personnel, une famille, des relations, etc. Clonez-les tous.

Pour faire les choses correctement, sans compromettre les chances d'obtenir une réplique vraiment parfaite d'un seul individu, il n'y a pas deux solutions. Il faut cloner le monde entier. Pas moins.

C'est une expérience qui je crois dépasse nos moyens. Et je pense que nous ne désirons même pas la tenter. D'une part, cela signifierait que le monde d'aujourd'hui serait remplacé par un monde absolument identique, sans solution de continuité et qu'il n'y aurait donc plus d'enfants naturels, nés du hasard et de la spontanéité. Plus d'enfants du tout, à l'exception des sosies manufacturés de l'ensemble de ceux qui occupent la scène aujourd'hui. Sans compter tous ces adultes identiques, y compris la totalité de nos hommes politiques qui nous donneraient l'impression de voir double. Non, voilà une perspective proprement insupportable !

Et quand l'expérience aurait été réellement accomplie, d'ici une cinquantaine d'années, comment pourrait-on se livrer à une estimation réellement scientifique et objective de ses résultats ? Quelque part au milieu de tout ça, il y aurait le cloné original, celui qui aurait donné naissance à toute l'affaire. On l'aurait probablement oublié, mais tous ceux qui l'entoureraient seraient des répliques fidèles des gens d'aujourd'hui. Ce serait la réplique du monde d'aujourd'hui, peuplée à ras bord des répliques des gens d'aujourd'hui, vivant une réplique de leur vie d'aujourd'hui, affrontant la réplique des problèmes qu'ils affrontent aujourd'hui. Ils seraient probablement fort mécontents d'avoir à revivre tout ce que nous vivons aujourd'hui et en voudraient suffisamment au « cloné » pour lui infliger toutes sortes de misères s'ils parvenaient à le retrouver.

Enfin, si tout avait effectivement été fait à la perfection, ces gens seraient inévitablement aux prises avec le problème du mécontentement universel et, dans leur recherche d'une solution, viendrait forcément un jour où ils commenceraient à s'entre-regarder en se demandant lequel d'entre eux mériterait d'être cloné, pour tirer le monde de ce marasme. La boucle étant ainsi bouclée, ce cercle vicieux pourrait éventuellement fonctionner à l'infini.

Il m'est arrivé autrefois de me demander à quoi pouvait bien ressembler l'enfer. Je mis mon imagination à la torture pour tenter de concevoir une damnation perpétuelle. Je dois avouer que je ne parvins jamais à imaginer quelque chose d'aussi épouvantable que ce que je suis en train d'évoquer.

Si vous étiez réellement à la recherche d'un moyen de nous en sortir, j'aurais une proposition personnelle à faire. Oublions le clonage, ne nous y risquons pas. Engageons-nous résolument dans la direction opposée. Cherchons des moyens d'obtenir rapidement beaucoup plus de mutations, changeons d'air, créons de nouvelles variétés. Si l'on décide de tripatouiller le monde, que ce ne soit surtout pas pour conserver les choses en l'état, pas même les gens, pas même soi-même. Si un paradis nous attend quelque part dans l'avenir, il ne peut être que différent.

Les dangers de l'aventure scientifique

Ceux qui désirent critiquer la science et les scientifiques disposent aujourd'hui d'un véritable mot de passe : « hubris ». Une fois prononcé ce vieux mot grec, passé directement en anglais, tout est dit. Il résume, ce mot, toutes les appréhensions, tous les mauvais pressentiments de l'opinion publique d'aujourd'hui à l'égard de la science et des scientifiques. Il ne sert pas seulement à désigner ce qui est perçu comme une attitude intolérable de la communauté scientifique, il englobe du même coup toutes les exactions de la science et de la technique, acharnées à faire que notre siècle, si près de finir, prenne un mauvais tournant.

« Hubris » est un mot puissant, les significations s'y sont accumulées en couches multiples et il a retrouvé aujourd'hui une nouvelle vigueur et un sens qui dépasse largement celui qu'il possédait à l'origine. Il permet de fustiger la tournure d'esprit qui a donné naissance à la fission et à la fusion atomiques, d'abord pour démolir les villes, puis pour les chauffer, aussi bien que les attitudes qui ont présidé à la création des avions de transport supersonique du genre Concorde, à l'exploitation des grandes mines à ciel ouvert, à l'utilisation des divers additifs alimentaires, à la recherche pétrolière par forages sous-marins, et, pour finir, qui sont jugées responsables de l'apparition des minuscules particules sphériques de plastique qui saturent les eaux de la mer des Sargasses.

Et voici que les sciences biomédicales rejoignent dans le même sac les sciences physiques et la technologie et sont soumises à la critique du même mot infamant. C'est pure *hubris*, nous dit-on, que la révolution biologique. *Hubris* les perspectives de manipulation des comportements, *hubris* la psychochirurgie, les recherches embryologiques, les transplantations cardiaques, le clonage d'éminents politiciens à partir d'un fragment de leur propre éminent tissu, *hubris* encore la surpopulation, les maladies iatrogènes et les manipulations génétiques que permet l'ADN recombinant. Ici, l'étymologie rejoint la critique scientifique, l'ADN recombinant permettant de « greffer » les gènes d'une créature sur l'ADN d'une autre, et donc de créer un être *hybride*, comble de l'*hubris*.

C'est bien cette transgression démentielle par laquelle les hommes tentent de s'égaler aux dieux – en créant un être nouveau – que désigne aujourd'hui le mot « hubris », retrouvant le sens originel qu'il revêtait dans la mythologie grecque. Car c'est ce que signifie ce mot de passe, ce mot signal d'alarme, cette mise en garde surgie du vieux fonds langagier : en s'égalant aux dieux, en usurpant leurs prérogatives, l'homme finira par obtenir un résultat symboliquement plus redoutable encore que ne l'était, aux yeux des Romains, le fruit hybride de l'accouplement du sanglier avec la truie domestique.

On voit que l'accusation d'*hubris* ne doit pas être prise à la légère. On ne saurait se contenter de pester entre ses dents contre l'attitude antiscientifique et anti-intellectuelle de nos contemporains, comme le font tant de membres de la communauté scientifique aujourd'hui. Les réserves que suscitent nos entreprises tirent leur origine des profondeurs les plus authentiques de l'angoisse humaine. Si nous avons raison – et que nos critiques se trompent –, c'est que le mot « hubris » est employé à tort, qu'il ne désigne pas vraiment notre démarche, et qu'il existe, à l'heure actuelle tout au moins, un malentendu fondamental sur la nature même de la science.

Il me semble qu'une question centrale se pose que je ne suis pas certain du tout de savoir comment trancher, bien que je n'aie pas le moindre doute quant aux réponses que, personnellement, j'y apporte. C'est la suivante : existe-t-il des informations débouchant sur certaines connaissances dont l'humanité ferait mieux de se passer ? Les limites de la recherche scientifique sont-elles celles du *connaissable* ou, au contraire, celles de ce que nous *devrions* connaître. Faut-il nous arrêter brutalement au seuil de certaines connaissances, de peur de ce que nous, ou certains d'entre nous, risquerions d'en faire ? Ma réponse personnelle est un non sans nuance, mais je dois avouer qu'il s'agit d'une pure intuition que ni mon inclination ni ma formation ne me portent à argumenter rationnellement.

A l'intérieur comme à l'extérieur de la communauté scientifique, on a tenté de faire de la question de l'ADN recombinant la pierre de touche de la « bonne » et de la « mauvaise » recherche scientifique. Les partisans de la recherche en ce domaine se sont vu accuser de pure *hubris;* leur scandaleux orgueil les aurait poussés à se substituer aux dieux. Pis : ils reconnaissent eux-mêmes que leur but est de créer de leurs propres mains des hybrides viables. Le maire de Cambridge, comme l'*attorney general* * de New York se sont l'un et l'autre entendu conseiller de mettre autoritairement un terme à ce genre d'expérience.

Il faut admettre d'emblée qu'on n'est plus tout à fait là dans le même débat. Il ne représente qu'un aspect particulier de celui qui nous occupe, puisqu'il ne s'agit plus de limiter les connaissances. En l'occurrence, ces dernières existent déjà et c'est autour de leur mise en pratique, de leurs applications

* Le représentant du ministère public (N.d.T.).

technologiques que la dispute fait rage. A-t-on oui ou non le droit d'incorporer aux plasmides d'*E. coli** l'ADN qui lui permettra de fabriquer certaines protéines utiles ou intéressantes ? Court-on le risque d'y insérer certaines toxines indésirables, tels virus dangereux, puis de voir le nouvel organisme hybride proliférer hors du laboratoire ? S'agit-il d'une technique capable de créer de nouveaux agents pathogènes et dont on devrait donc interdire la mise en œuvre sur cette base ?

Quand la dispute se cantonne à ce niveau, je ne vois nulle raison pour qu'elle ne puisse être menée à son terme par des gens raisonnables. Nous avons, depuis une centaine d'années, fait d'importants progrès dans la manipulation des microbes dangereux, encore qu'il me faille reconnaître que les adversaires de la recherche dans le domaine de l'ADN recombinant tendent à mettre en doute la valeur de l'énorme quantité de connaissances amassées en un siècle. On a vu successivement des agents aussi dangereux que celui de la rage, de la psittacose, de la peste et du typhus faire l'objet de manipulations de laboratoire et les cas d'auto-infection des chercheurs eux-mêmes ont été fort rares, les cas d'épidémie accidentelle totalement inexistants. Il ne faut donc pas manquer d'imagination pour postuler la création

* Le bacille du côlon (N.d.T.).

d'agents pathogènes nouveaux, si féroces et voraces qu'ils franchiraient les murs de laboratoires, aussi sûrs soient-ils, pour aller mettre en danger la vie de l'humanité, comme n'hésitent pas à le faire certains des participants au débat.

Mais c'est précisément l'ennui dans ce débat sur l'ADN recombinant : on est désormais en présence d'une affaire passionnelle, dans laquelle trop de gens sont sortis de leurs gonds de part et d'autre. On est loin des questions de sécurité purement technique, on croirait plutôt avoir affaire à quelque controverse religieuse, et c'est en cela que nous y retrouvons le débat qui est au centre de toute l'affaire : y a-t-il, à l'intérieur du domaine scientifique, des choses que nous ne devrions pas apprendre ?

Cette question en suscite inévitablement un bon nombre d'autres, plus subtiles les unes que les autres, et, pour commencer, celle qui consiste à demander si c'est bien au maire de Cambridge qu'il incombe de trancher en premier ressort.

Peut-être serait-il plus avisé, pour nous tous, d'en rabattre de nos arguments respectifs avant que la question de l'ADN recombinant ne prenne des proportions gigantesques, échappant entièrement à notre entendement. Si nous devons vraiment discuter, que la discussion se cantonne aux questions immédiates de pure sécurité posées par les recombinants qui font actuellement l'objet de ces recherches, et dotons-nous sans hésiter de tous les règlements, de toutes les directives capables de protéger le public, chaque fois que cela semblera indiqué. Mais, dans toute la mesure du possible, évitons la question des limites qu'il conviendrait de fixer à la connaissance humaine. Car c'est une question dont les implications sont presque infinies et nous sommes incapables de la régler.

Le lecteur aura compris que j'ai depuis longtemps pris parti dans cette controverse et que mon siège est fait. Avec cependant une nuance que j'aimerais préciser. Je ne suis pas tant partisan de recherches portant sur l'ADN recombinant qu'opposé à ceux qui combattent ce genre de recherche. Ayant personnellement étudié les agents des maladies infectieuses pendant fort longtemps, je prends en très mauvaise part les accusations fantaisistes selon lesquelles nous serions incapables de nous protéger nous-mêmes des maladies que nous étudions et, plus encore, de les empêcher de franchir les murs de nos laboratoires. Je suis persuadé que nous avons beaucoup appris à cet égard – et depuis fort longtemps. J'ajouterai que je considère comme une forme d'*hubris* inversée la conviction que l'homme pourrait si facilement fabriquer des micro-organismes pathogènes dangereux. A mes yeux, il faut bien du temps et bien des interactions entre créatures vivantes pour qu'un microbe devienne un agent pathogène efficace. La fonction d'agent pathogène est, pour ainsi dire, un métier hautement qualifié et seule une infime minorité des innombrables tonnes de microbes qui peuplent la planète s'y est jamais risquée. La plupart des bactéries vaquent à leurs propres affaires, qui sont la consommation et le recyclage des matériaux de la vie. C'est à tel point que je serais tenté de considérer l'existence des agents pathogènes comme une espèce d'accident biologique ; ou bien les signaux sont mal dirigés par le microbe ou mal interprétés par l'hôte, comme dans le cas des endotoxines ; ou bien encore il existe entre l'hôte et le microbe une espèce d'intimité qui dure depuis si longtemps qu'une forme de mimétisme moléculaire devient possible, comme dans le cas de la toxine diphtérique. Je ne crois tout simplement pas qu'en assemblant de nouvelles combinaisons de gènes on soit en mesure d'obtenir des créatures aussi spécialisées et aussi adaptées à la dépendance que doivent l'être les germes pathogènes, tout comme je n'ai jamais cru qu'une quelconque forme de vie microbienne originaire de Mars ou de la Lune pourrait s'adapter à la vie sur terre.

Mais je ne suis nullement convaincu que là réside bien le sujet de la dispute. Derrière tout cela, comme je l'ai déjà dit on retrouve l'autre discussion, qu'il aurait mieux valu éviter.

Je ne puis parler pour les sciences physiques, car il me semble évident qu'elles ont parcouru un chemin considérable depuis le début du siècle, à quelque aune qu'on le mesure, mais il m'apparaît que, dans le domaine des sciences biologiques et médicales, notre ignorance est encore telle qu'il serait bien prématuré de prononcer des jugements sur ce que nous devrions apprendre ou éviter d'apprendre. Bien au contraire, nous devrions accueillir avec gratitude les moindres bribes de connaissance sur lesquelles nous pouvons mettre la main et nous donner des moyens beaucoup plus importants d'en acquérir un maximum d'autres.

Le mot « hubris » est d'un maniement dangereux et ceux qui l'utilisent feraient bien de s'en méfier bien plus qu'ils ne font, car les risques d'une application erronée sont très réels. Particulièrement quand il s'agit de la recherche des connaissances. La mise en œuvre – les applications techniques – de ces connaissances, est une tout autre affaire et l'on est en droit de dire que l'*hubris* est présente dans bien des aspects de notre technologie ; mais je ne crois pas que l'on puisse accuser la recherche de nouvelles informations concernant la nature d'être une démarche contre nature. S'il est au contraire, avec le langage, un trait qui distingue les êtres humains de toutes les autres espèces vivantes, c'est cette soif qui les habite, d'apprendre sans cesse des choses nouvelles, soif incontrôlable, que rien ne peut apaiser, et qui les pousse aussi à échanger les informations ainsi obtenues avec d'autres membres de l'espèce. Qu'on y pense bien : apprendre est l'activité humaine par excellence ; je n'en connais aucune autre qui soit aussi difficile à contrôler.

Mais je n'ai aucun mal à imaginer les raisons qu'on pourrait avoir pour tenter de le faire. L'approfondissement de notre connaissance de la nature risque tout naturellement de déranger tel ou tel d'entre nous. Et si les recherches sur l'ADN recombinant dérangent déjà, ce n'est point tant en raison des dangers dont on discute actuellement que parce qu'il est troublant, au plus profond de nous-même, d'être confronté à l'idée que les mécanismes génétiques qui gouvernent toute la vie de notre planète sont si facilement accessibles à la manipulation. Nous n'aimons guère l'idée qu'une chose aussi fixe et stable qu'une espèce puisse être aisément modifiée. Qu'on aille prendre des gènes dans un génome pour les transplanter dans un autre a de quoi glacer les sens. Les mythologies classiques sont peuplées de ces êtres mixtes – mi-humains, mi-animaux ou végétaux – associés, pour la plupart, à des aventures tragiques. L'ADN recombinant nous rappelle nos mauvais rêves.

Dans ce domaine, la solution de facilité consiste, pour la société, à confier le soin de trancher à un organisme, à un comité, à une sous-commission, chargé d'enquêter sur la question avant de donner un conseil. Et, pour ce comité lui-même, la solution de facilité, face à une activité qui menace de troubler la tranquillité sociale, est évidemment d'en proposer l'interdiction, ne serait-ce que provisoire.

Je n'ai guère de mal à imaginer un tel comité, composé de personnalités irréprochables, qui conclurait que les temps ne sont pas mûrs pour que l'on poursuive l'étude de la transplantation des gènes et proposer un moratoire – jusqu'au siècle prochain, par exemple. Dans l'intervalle, déclarerait ce sage aréopage, pourquoi ne pas concentrer les efforts des chercheurs sur des recherches moins controversées ? Pourquoi la science ne s'attacherait-elle pas à découvrir des moyens moins coûteux d'exploiter l'énergie solaire, ou de soigner les maladies mentales ?

L'ennui, c'est qu'une fois engagé dans cette voie il devient difficile, pour ne pas dire impossible, de s'arrêter. Il existe, si l'on veut bien prendre la peine d'y penser, une infinité de groupes sociaux que mécontente tel ou tel aspect de la recherche scientifique. Washington serait bientôt peuplée d'une armée de commissions, sous-commissions, syndicats et groupes de pression officiellement ou officieusement chargés d'évaluer, puis de réglementer l'ensemble des travaux des chercheurs dans tous les domaines. Et ces groupes ne s'attacheraient pas à supputer la valeur ou l'utilité de telle recherche ou de telle autre – non, ils se proposeraient seulement de défendre la société contre la prétendue *hubris* des scientifiques, contre les connaissances dont l'humanité ferait mieux de se passer.

Quel passe-temps idéal ! Je vois d'ici les files d'attente de candidats censeurs qui s'allongeraient devant le siège des divers organismes chargés de contrôler la recherche scientifique. La chasse est ouverte ! Et l'on peut tirer à vue sur pratiquement tout – il n'y a pas d'espèces protégées ! On peut déjà prévoir les gibiers les plus populaires : la génétique, les mécanismes de contrôle démographique, les recherches sur le vieillissement. Les spécialistes de la santé mentale, en revanche, seraient à peu près tranquilles : personne ne s'attend à des surprises, dans ce domaine, et en tout cas à rien de fracassant.

Les secteurs de la recherche qui seraient les plus atteints seraient évidemment ceux qui nous surprennent ou nous bouleversent dès aujourd'hui, ceux qui laissent entrevoir des découvertes qui vont remettre en question les dogmes régnants.

L'évolution de la science est difficile à prévoir et, dans le meilleur des cas, toute prédiction est même impossible. C'est dans la nature même de l'entreprise. On ne peut découvrir, par définition, que des choses neuves et rien ne permet de prévoir sur quoi débouchera une recherche réellement novatrice. Il n'est pas de choix possible, dans ce domaine. On ne décide pas de découvrir ce qui passera pour agréable et de barrer les autres voies de la recherche. Ou bien l'on accepte la recherche scientifique, ou bien on la refuse. Quand on l'accepte, on accepte aussi qu'elle débouche sur des découvertes surprenantes, dérangeantes, voire fracassantes, et pas seulement sur de petites vérités bien confortables et immédiatement utilisables. C'est ainsi.

Il est une seule vérité scientifique qui m'apparaisse comme parfaitement établie et dans laquelle j'ai toute confiance : nous sommes profondément ignorants des choses de la nature. Voilà ce que je considère comme la principale découverte de la biologie au cours des cent dernières années. Voilà, à vrai dire, une idée neuve et proprement éblouissante. Elle eût effaré les meilleurs esprits du siècle des lumières que le premier venu d'entre nous aurait stupéfiés en leur révélant la minceur de nos connaissances et la longueur ahurissante du chemin qui s'ouvre à peine devant nous. C'est cette confrontation soudaine avec l'étendue et la profondeur de notre ignorance qui représente la principale contribution de la science du xxe siècle à l'intelligence de l'homme. Nous voici enfin au pied du mur. Dans le passé, quand nous ne faisions pas semblant de comprendre comment les choses se passent, nous ignorions les problèmes ou nous nous contentions d'inventer des histoires pour combler les lacunes. Maintenant que nous nous sommes mis à chercher en profondeur, maintenant que la science est devenue sérieuse, nous commençons tout juste d'entrevoir l'énormité des questions qui se posent et combien lointaines sont les réponses. C'est pour cette raison même que les temps sont durs pour l'intelligence humaine et que nous avons sombré dans la dépression. L'ignorance est supportable tant qu'elle est totale. Ce qui est pénible, c'est de commencer à prendre conscience de son ignorance, d'en connaître la réalité dans le détail : les points obscurs et ceux qui le sont un tout petit peu moins, mais aucune vraie lueur au bout d'aucun tunnel – ni d'ailleurs aucun tunnel dont on soit assuré qu'il est le bon. Oh oui ! les temps sont durs !

Mais enfin ce n'est qu'un début et cette idée même a de quoi nous satisfaire, nous réjouir, pour ne pas dire nous enthousiasmer. Notre méthode est opérante. Il n'est probablement aucune question concevable à laquelle nous ne serons en mesure de répondre un jour, y compris celle de la conscience. Certes, il existe des questions que nous serons à tout jamais incapables de concevoir. Elles marquent les limites de l'intelligence humaine qui échapperont à tout jamais à notre connaissance, mais c'est une autre histoire. A l'intérieur de nos limites, nous devrions être en mesure de nous frayer un chemin jusqu'à la réponse à toutes nos questions, pour peu que nous sachions soutenir assez longtemps notre attention.

Si j'ai choisi cette formulation présomptueuse, avec toute la confiance dont je suis capable, c'est dans le but de soulever une dernière question. Est-ce là de l'*hubris ?* Y a-t-il quelque chose de fondamentalement contre nature, d'intrinsèquement mauvais, ou dangereux pour l'espèce dans l'ambition qui nous habite tous et nous pousse à rechercher la plus vaste compréhension possible de la nature et de nous-même ? Je ne puis le croire. J'aurais tendance à juger bien plus contre nature, bien plus outrageant pour la nature une démarche qui refuserait de prendre en compte, voire qui s'attacherait à réprimer, la curiosité dont nous débordons manifestement *par nature*, le talent *naturel* de poser clairement d'innombrables questions qui est un trait caractéristique de notre espèce. Voilà le principal danger qui guette l'espèce humaine : prétendre que nous ne sommes pas l'animal que nous sommes, faire semblant de croire que nous n'avons pas besoin de satisfaire la curiosité dont nous brûlons, que nous pouvons nous passer de l'exploration et de l'expérimentation, que l'esprit humain peut s'arracher à son ignorance en se contentant d'affirmer qu'il est des choses qu'il n'a nul besoin de savoir. Ç'est là, selon moi, que réside la véritable *hubris*, celle qui représente un danger véritable pour chacun d'entre nous.

Des verrues

Les verrues sont de pures merveilles. D'un jour à l'autre, elles font leur apparition en n'importe quelle région de la peau, comme des mousserons dans un pré humide, pleinement développées, dans toute la complexité splendide de leur architecture. Au microscope, les colorants permettent de distinguer leur disposition cellulaire hautement spécialisée, qu'on croirait réellement conçue dans un but bien précis. Blindée de corne impénétrable, dense, massive, fermée, la verrue paraît conçue pour la défense contre le monde extérieur.

En un sens, les verrues sont indiscutablement utiles, voire indispensables – mais pas pour nous. Car il se trouve que les cellules débordantes de vie d'une verrue ne sont, en définitive, que l'appareil reproducteur ultrasophistiqué d'un virus.

On aurait pu croire que les cellules infectées par le virus des verrues ont trouvé dans cette réaction réellement massive un moyen de défense contre le virus, peut-être une façon de se rendre désagréables, mais il n'en est rien. La verrue est en fait ce dont le virus a besoin ; il ne prospère qu'au sein des cellules qui présentent précisément cette hypertrophie. Qui n'est nullement une défense, mais, bien au contraire, une exubérante manifestation d'hospitalité, un accueil royal, la préparation enthousiaste de toutes les chambres d'amis pour recevoir de plus en plus de virus.

Mais ce que les verrues ont de plus étonnant, c'est leur tendance à disparaître. Quoi de plus dur, de plus résistant, de plus permanent, en apparence, qu'une verrue pleinement développée ? Et pourtant, parfois brusquement, toujours inexplicablement, elles terminent leur existence et disparaissent sans laisser de trace.

Et quelque chose qu'il faut bien appeler la pensée, ou de très similaire à la pensée, est capable de les faire disparaître. C'est là un trait caractéristique des verrues qui est proprement renversant. Source de plus d'étonnement que le clonage des grands hommes, l'ADN recombinant, l'endorphine ou l'acupuncture, ou n'importe lequel des sujets d'émerveillement qui retiennent de nos jours l'attention de la presse. Bref, et les chercheurs éberlués ne sont pas près de sortir de leur perplexité, l'hypnose permet d'ordonner aux verrues de disparaître.

Certains refusent encore de le croire, mais c'est un fait bien établi, étayé de nombreuses preuves, et depuis fort longtemps. Des générations et des générations de généralistes et de dermatologues se sont convaincues de la réalité du phénomène. C'est d'ailleurs l'une des rares convictions que ces médecins partageaient et partagent encore avec leur grand-mère ! Je me suis jadis laissé dire par un distingué professeur de médecine, l'un des brillants élèves de Sir William Osler, qu'il avait pour règle de badigeonner les verrues au violet de gentiane et d'affirmer ensuite au patient, avec la dernière fermeté, qu'elles auraient disparu en moins d'une semaine. S'il faut l'en croire, il n'a connu aucun échec. Nous ne manquons d'ailleurs pas d'études méticuleuses, menées par les cliniciens les plus scrupuleux, et qui, toutes, établissent clairement le phénomène. Dans l'une de ces expériences, quatorze patients présentant sur tout le corps des verrues rebelles à tout traitement, furent placés en état d'hypnose. Cela fait, le praticien leur affirma que les verrues d'une des moitiés de leur corps allaient commencer à disparaître. Il ne fallut que quelques semaines pour constater un résultat indiscutablement positif : chez neuf des sujets, la totalité ou la quasi-totalité des verrues avaient disparu de la moitié désignée du corps, tandis que l'autre en portait autant que jamais.

Il est déjà intéressant que la plupart des verrues aient disparu de la moitié du corps que l'on avait indiquée, mais il est plus fascinant encore de constater qu'il y eut quelques erreurs. Comme on est en droit de s'y attendre dans toute expérience requérant une claire distinction de la gauche et de la droite, l'un des sujets confondit les instructions et se débarrassa des verrues qu'il portait *du mauvais côté.* Dans une autre expérience, réalisée par la suite, une équipe du Massachusetts General Hospital constata que les sujets s'étaient débarrassés de *toutes* leurs verrues, alors qu'on leur avait donné sous hypnose l'ordre de concentrer leur attention sur une moitié seulement de leur corps.

Je me suis posé la question de la nature des instructions données par l'inconscient que ce soit ou non sous hypnose – sans d'ailleurs m'attarder outre mesure à cette dernière notion, qui est elle-même assez mystérieuse. J'estime que l'esprit – l'inconscient, donc – ne doit pas pouvoir se contenter de dire : Allez, ouste ! Allez-vous-en, détruisez-vous vous-mêmes, sans fournir en même temps quelques précisions sur la marche à suivre pour obtenir ce résultat.

Réfléchissant à cette expérience lors de la publication de ses résultats, j'étais parvenu à la conclusion que les instructions en question pouvaient être relativement simples. Rien de plus, peut-être, que l'ordre d'interrompre le flux sanguin dans toutes les artérioles précapillaires irriguant les verrues afin de priver ces dernières de toute nourriture. Comment l'esprit était-il en mesure d'accomplir ce tour de force avec précision, privant telle verrue de son apport sanguin et laissant subsister telle autre ? J'eusse été bien incapable de le dire et ne m'en préoccupai pas davantage. J'étais d'ailleurs fort heureux de songer que mon inconscient se serait chargé, en cas de besoin, d'une tâche que je n'eusse jamais été en mesure d'accomplir consciemment moi-même !

Mais aujourd'hui que l'étiologie virale des verrues nous est connue, le problème s'est compliqué d'autant. Si l'idée, qui se fait jour actuellement, de la participation des mécanismes immunitaires dans le rejet des verrues était avérée, il se compliquerait encore.

Si mon inconscient « sait » comment manipuler les mécanismes qui permettent de circonvenir ce virus, avant de faire donner les diverses cellules en bon ordre pour entraîner un rejet tissulaire, tout ce que je puis dire, c'est que mon inconscient est nettement plus avancé que moi. J'aimerais qu'il me vienne une verrue à l'instant, pour voir si je possède un tel talent.

Il devrait exister un meilleur terme qu'*Inconscient*, même doté d'une majuscule, pour désigner ce que j'ai à l'esprit (si je puis me risquer à utiliser une telle expression dans ce contexte !). La formation que j'ai reçue m'a appris à considérer cet aspect de la pensée comme une espèce d'asile psychiatrique très privé, entouré de murs épais dans une quelconque banlieue reculée de mon cerveau, et capable de produire seulement le genre d'information trouble qui suffit à maintenir mon esprit, mon Esprit proprement dit, dans un perpétuel état d'équilibre précaire.

Cependant tout mécanisme mental capable de procéder au rejet d'une verrue est quelque chose de différent. Ce dernier n'a rien de l'opération confuse, désordonnée et fumeuse dont doit être capable l'Inconscient qu'on nous décrit dans les manuels, responsable des rêves, producteur des lapsus et de l'hystérie. Non, quel qu'il soit – ou qui que ce soit –, le responsable du processus qui nous occupe doit agir avec la méticuleuse précision du chirurgien. On serait presque tenté de dire que *quelqu'un* doit prendre les choses en main, veiller avec une grande minutie dans le détail à l'accomplissement d'opérations qui défient notre compréhension. Il faut un ingénieur compétent, un responsable de haut niveau, un cadre supérieur, un patron. Jamais je n'aurais cru que j'hébergeais un tel locataire. Propriétaire serait d'ailleurs un mot plus juste puisque, si telle est bien la situation, cet hôte problématique est indiscutablement mon supérieur !

Entre autres qualités, ce maître d'œuvre doit posséder un vaste savoir dans le domaine de la biologie des cellules pour être capable de faire son choix entre les différents lymphocytes que possède l'homme et qui, tous, sont dotés de fonctions diverses – que je comprends mal – afin de mobiliser ceux qui sont nécessaires au rejet d'un tissu et d'écarter ceux qui n'y sont pas aptes. Qu'une telle tâche m'incombât, et pour peu que je dispose du pouvoir de rassembler mes lymphocytes et de les diriger vers le voisinage de mes verrues, je ne saurais encore qu'expédier dans le plus grand désordre des lymphocytes de la classe B et de la classe T et, parmi ces derniers, des « suppresseurs » et des « tueurs », ainsi, à n'en pas douter, qu'une vaste quantité d'autres globules blancs dont j'ignore encore et le nom et la fonction, bref, je ne ferais rien de bon.

Quand bien même les défenses immunitaires n'interviendraient pas, l'opération consistant seulement à interrompre localement le flux sanguin, je serais bien en peine de m'acquitter d'une telle interruption sélective et localisée. Je suppose que ce blocage sélectif des artérioles doit être l'œuvre de tel ou tel médiateur chimique et je connais le nom de certains de ces médiateurs, mais jamais je n'oserais laisser la bride sur le cou à de telles substances, même si je connaissais les mécanismes qui président à leur libération.

Soit ! Mais qui donc, alors, supervise ce genre d'opération ? Car il faut bien que quelqu'un s'en charge, cela ne souffre pas la discussion. On ne peut imaginer un sujet placé sous hypnose, recevant un ordre et le faisant exécuter avec exactitude et précision, sans imaginer du même coup l'intervention d'un quelconque maître d'œuvre ou conducteur des travaux. On ne saurait se contenter de confier toute l'opération, dans son incroyable complexité, aux centres inférieurs, sans leur transmettre en même temps une série d'instructions détaillées qui dépassent de loin ma modeste compétence.

Quelque part, une intelligence sait comment se débarrasser des verrues. C'est une pensée qui ne peut manquer de jeter un certain trouble dans l'esprit.

Et c'est aussi un merveilleux problème, qui attend sa solution. Que l'on songe un instant à tout ce que nous saurions si nous pouvions acquérir une claire compréhension des mécanismes par lesquels l'hypnose permet de faire disparaître une verrue ! Nous connaîtrions l'identité des éléments cellulaires et chimiques qui participent au rejet tissulaire, ainsi, fort probablement, qu'un certain nombre de choses sur la manière dont les virus s'y prennent pour modifier les cellules. Nous apprendrions, pour utiliser une image, comment est réglée la circulation de ces divers éléments cellulaires et chimiques, ce qui nous mettrait peut-être en mesure de comprendre la nature de certaines maladies dans lesquelles cette circulation se dérègle, les éléments étant dirigés sur d'autres cellules que celles qu'il faudrait. Mais, par-dessus tout, nous apprendrions à connaître une espèce de super-intelligence qui se trouve en chacun d'entre nous et qui possède une clairvoyance et un savoir-faire technique qui dépassent de très loin notre compréhension actuelle. Voilà qui, à soi seul, vaudrait que l'on déclarât la guerre aux verrues, que l'on se lançât à la conquête de l'univers des verrues, que l'on exigeât la création d'un Institut national des Verrues et tout et tout.

Sur la méta-angoisse transcendantale

On nous dit que l'homme moderne, l'homme des grandes civilisations industrielles, se montre plus que nul autre nerveux et irritable, qu'il fait preuve d'une angoisse sans précédent devant l'avenir, que le présent le désespère, que les souvenirs du passé récent l'empêchent de dormir. Et tout cela à cause de l'énorme complexité de la tonitruante machinerie qui l'entoure. A cause de la gigantesque carapace rigide de plastique et d'acier qui le sépare de la terre nourricière. L'angoisse perpétuelle serait donc, selon les tenants de cette opinion, une invention moderne. Pour s'en débarrasser, il suffirait en somme d'arrêter les machines et de retourner vivre à la campagne. L'homme primitif, tressant ses guirlandes de roses, dormait du sommeil du juste.

On me permettra d'en douter. L'homme a toujours été caractérisé par sa nature anxieuse, par une capacité d'angoisse pratiquement inépuisable ; c'est là le don qui le distingue des autres formes de vie. Il ne fait aucun doute qu'il existe dans le cerveau humain un centre nerveux chargé de cette fonction, comme il existe un centre de la faim ou du sommeil.

L'homme préhistorique, dépourvu de feu et d'outils, doit avoir été le plus anxieux de tous. Tâtonnant dans des cavernes mal éclairées, cherchant probablement à démêler ce à quoi il était bon, pressentant qu'il lui faudrait incessamment endosser l'écrasante responsabilité de la fabrication des premiers outils, il a dû passer un temps considérable à considérer ses pouces en se creusant la cervelle. Je l'imagine sans peine plongé dans la contemplation de ses mains, opposant, médusé, son pouce à chacun de ses doigts, songeant : « Bon dieu, voilà qui nous distingue de tous les autres animaux ! » Et venait alors l'idée qui allait le ronger : « Mais à quoi ça peut bien servir ? » Il a dû en passer de longues nuits sans sommeil, tournant et retournant ses pouces... en esprit !

On me surprendrait à peine en m'apprenant qu'il exista, avant l'âge du feu, des commissions qui se réunirent pour examiner la question des pouces et parvinrent à la conclusion que tout cela risquait de nous mener trop loin et que l'humanité eût été bien mieux lotie avec un cinquième doigt rigoureusement semblable aux quatre autres.

L'anxiété est la plus naturelle et la plus spontanée des fonctions humaines. Il est grand temps que nous l'admettions, pour apprendre, peut-être, à mieux nous en acquitter encore. L'homme est l'Animal anxieux. C'est un trait qui attend encore de parfaire son évolution, qui a besoin d'être amélioré. Car la plupart d'entre nous tendent à négliger cette activité, vivant sans cesse au bord de l'angoisse, mais évitant d'y plonger la tête la première.

Pour qui voudrait s'immerger totalement dans les affres si lumineuses de l'angoisse pure, je suis en mesure de recommander une méthode dérivée de celle de la méditation transcendantale, que j'ai découverte un peu par hasard, après avoir lu un article consacré à cette dernière dans une quelconque revue universitaire. Assis sur un vieux canot renversé, sous un hêtre, au fond de mon jardin, je voulus expérimenter sur moi-même la méthode prônée par l'auteur de l'article. Me conformant strictement à ses prescriptions, je me détendis, les yeux clos, la respiration régulière, répétant comme une incantation la formule magique, le *mantra* recommandé, en l'occurrence « oum, oum... » Les conditions étaient favorables au détachement et à la contemplation ; et ma conscience, qui passe d'ordinaire son temps à se raccrocher à tout ce qui passe à sa portée, était prête à larguer les amarres. Puis, brusquement, le téléphone se mit à sonner à l'intérieur de la maison. La sonnerie résonna plusieurs fois, entre mes « oum », puis s'arrêta. Sur-le-champ, je fis la découverte de l'angoisse transcendantale.

L'angoisse transcendantale est à la portée de tout un chacun, sans distinction d'âge, de sexe ou de profession. Elle peut être pratiquée à toute heure, en tout lieu et, pratiquement, en toute circonstance. Pour les débutants, je recommande des séances de vingt minutes, le matin avant le travail et le soir, tard, juste avant l'insomnie.

Il s'agit de s'asseoir, de préférence seul, et de tendre tous ses muscles. Pour peu que l'on prenne soin de s'installer assez inconfortablement, sur le fond d'un canot renversé par exemple, la tension viendra tout naturellement. Ensuite, on ferme les yeux, et l'on se concentre sur ses propres paupières, jusqu'à les sentir vibrer imperceptiblement. Puis on respire, en essayant d'analyser l'effort musculaire que cela demande ; on pourra utilement tenter de respirer alternativement par une narine, puis par l'autre.

Quant au mantra, on pourra choisir de répéter le mot *worry** avec de bons résultats.

Le mot worry, répété assez rapidement, est par lui-même efficace en raison de réminiscences qu'évoque son histoire. Ainsi, s'immisçant dans la récitation du mantra, surgit le souvenir qu'il dérive de la racine indo-européenne *wer* qui veut dire tourner ou plier dans le sens d'évader, qui est devenu *wyrgan* en vieil anglais, signifiant tuer par strangulation, avec son proche parent *weird*, *whrite*,

* Souci, inquiétude, angoisse (N.d.T.).

wriggh, *wresth* et *wrong* (faux). Wrong est un mantra aussi utile, pour raison de symétrie.

Ensuite, on essaiera de laisser librement flotter sa conscience. Il faut environ trois minutes pour y parvenir et, presque aussitôt, la sensation de flottement s'accompagne d'embardées et de dérapages. Ce complexe de sensations associées se transforme rapidement en une prise de conscience apparemment irréversible d'un profond et irrémédiable malaise.

Enfin, si l'expérience est réussie, on commencera à entendre le *zing*. Il s'agit d'un son lointain, rythmique, et qui n'est couplé ni avec la respiration ni avec la récitation du mantra. Au bout de quelques minutes, le sujet découvre, en prenant son propre pouls, que le *zing* est synchrone avec la circulation sanguine et provient de la base du crâne ou de la partie supérieure de la nuque, où il est probablement causé par la pulsation d'une artère. C'est signe que l'on a établi le Contact.

Il ne reste plus qu'à laisser l'angoisse transcendantale s'amplifier jusqu'à atteindre spontanément le premier stade, que j'appelle Crispation primitive. En chemin, on rencontre une série d'images assez convergentes, bien que passagères et surgissant au hasard, saccadées et rapides comme le déroulement d'un très vieux film, et qui, toutes, même celles qui semblent banales, sont associées avec un sentiment de chute verticale extrêmement brutale à travers l'espace. On voit par exemple, faisant irruption dans l'esprit comme un oiseau traverserait le ciel en poussant un cri perçant, toutes plumes déployées, la dernière facture de gaz et d'électricité, ou les chiffres défilant à toute vitesse, presque illisibles, sur le compteur d'une pompe à essence, ou encore l'ultime baleine bleue jetant le chant du cygne dans un désert sous-marin, ou tout simplement le présentateur des actualités télévisées annonçant que la dernière en date des manifestations de la détente est un projet soviéto-américain de cœur artificiel. Ou les dernières découvertes de la science concernant les bombardements de neutrinos que les étoiles qui se désintègrent dirigent contre chacun d'entre nous, et auxquelles il est impossible d'échapper, même en se réfugiant tout au fond des mines de sel du Dakota. Le Watergate, évidemment. La musique de John Cage. Les courbes ascendantes que tracent mille bâtons de craie sur mille tableaux noirs dans mille amphithéâtres, et qui prédisent aussi bien la population future des chiens d'appartement aux États-Unis, des rats à Harlem, les explosions nucléaires aériennes et souterraines, les suicides en Norvège, les récoltes désastreuses en Inde, le nombre total des habitants de la planète. Vient encore la pensée de l'influence possible de l'attraction lunaire sur la calvitie. L'impossibilité absolue de s'opposer à la dérive des continents. La guitare électronique. Et tous les machins qui vous glissent entre les doigts, vous échappent des mains, l'impression universelle que, partout, le sol se dérobe sous nos pas. Ces images convergent donc, se fondent les unes dans les autres, finissant par donner une masse amorphe et gélatineuse, un ignoble pudding d'angoisse. Quand cela se produit, on atteint le dernier stade, celui de la pure angoisse à propos de l'angoisse elle-même. C'est l'essence même de la sagesse de l'Occident, que je baptiserai Méta-Angoisse transcendantale, ou M.A.T.

Abordons maintenant l'utilité de la M.A.T. Tout d'abord, elle tend à emplir et occuper l'esprit à des moments où, sans elle, il serait parfaitement vide. Au lieu de s'angoisser au hasard, au petit bonheur, pour ainsi dire, au lieu de vivre toujours au bord de l'anxiété, cherchant perpétuellement ce qu'on a bien pu oublier et dont il serait plus que temps de s'inquiéter, on peut s'offrir l'expérience dans sa totalité, dans toute sa richesse, d'un seul coup, et au moment que l'on choisit.

Deuxièmement, elle rend, par contraste, absolument délicieuses les périodes de la journée où l'on n'a aucun souci à se faire.

Troisièmement... j'ai oublié le troisième avantage, ce qui me fait toujours un sujet d'angoisse en moins.

Il existe, certes, quelques inconvénients qu'il convient de voir en face. La M.A.T. ne prétend pas être autre chose qu'une expérience subrogée, un substitut imaginaire de l'expérience authentique et, dans cette mesure, elle risque toujours d'être menée trop loin : on peut craindre que le sujet en fasse trop. Un autre danger évident réside dans l'irruption vraisemblable de la technique. Je ne doute pas de lire bientôt, dans les dernières pages des petites revues littéraires, des offres alléchantes – satisfait ou remboursé, chez vous, sans aucun engagement, etc. – concernant toutes sortes de gadgets électroniques, carrossés de plastique noir, agrémentés de cadrans, d'écrans cathodiques, d'écouteurs à simulateurs soniques et d'électrodes à fixer en divers points du crâne pour l'identification et la sélection à volonté des diverses ondes cérébrales associées à la M.A.T. Les spécialistes de la promotion commerciale les auront dotés de noms évocateurs et charmants comme Détecteur de Déprime, Anxio-Amplificateur cathodique, et ainsi de suite. Ce genre d'idée m'est une nouvelle source d'angoisse, mais guère pire, tout bien pesé, que l'autoradio moyenne.

Quelques mots d'excuse

S'il est compliqué, le rôle que joue l'observateur dans la recherche biologique n'a rien de bizarre : le chercheur, ou la chercheuse, observe, décrit, interprète, pousse éventuellement un cri de surprise par-ci par-là, et c'est tout. L'acte d'observation n'altère pas fondamentalement l'aspect des objets d'observation – du moins le suppose-t-on.

Il en va tout autrement de la physique moderne. Le principe d'incertitude ne signifie pas que l'observateur détruit forcément la force qu'il observe, qu'il modifie toujours la particule dans l'acte même d'observation – encore que ces choses se produisent. Mais l'effet de l'acte d'observation est plus profond encore. L'observateur et son appareillage *créent* la réalité observable. Sans eux, il existe toutes sortes de possibilités autres pour chaque particule, au sein de toutes sortes de mouvements ondulatoires. La réalité que le physicien peut étudier à l'aide de ses instruments n'existe pas en dehors de lui et en dehors d'eux ; elle est créée par le laboratoire.

J'ai tenté de réfléchir à cette question, mais ne suis jamais parvenu à me concentrer assez longtemps. Des mots ne cessaient de se mettre en travers du chemin. Le glossaire de la physique est, en lui-même, un enchantement : on ne parle que de « charme », d' « étrangeté », de « quarks ». « Matière » même a de quoi faire rêver. Il est issu d'une vieille racine indo-européenne empruntée au langage enfantin : *Ma*, qui donna *mater* (la mère latine) avant de se différencier en *maternel*, *matériel* et *matrice*. C'est à cette même racine que la déesse de la terre, Demeter, devait elle-même son nom.

J'étais plongé dans ces réflexions quand je m'avisai soudain que je me suis moi-même livré à un certain nombre d'observations physiques sans avoir reçu de formation particulière et avec, pour tout matériel, la pointe d'un crayon. J'ai ainsi pris le risque de causer des perturbations bien involontaires, pour lesquelles j'aimerais qu'il me soit permis de présenter mes plus plates excuses – si perturbations il y a eu.

Quand je suis assis à ma table de travail, dans mon bureau de la 69e Rue Est, j'aperçois les fenêtres d'un très grand immeuble qui occupe le coin de la 72e Rue et de la 3e Avenue. Depuis un an environ, j'ai pris l'habitude d'observer les réflexions du soleil dans les vitres. Il y fait son apparition en début d'après-midi, déclinant lentement avec le passage des saisons et beaucoup plus rapidement, on s'en doute, avec chaque heure de la journée. Si je le fixe assez longtemps, je parviens à former jusqu'à huit images résiduelles du soleil, d'un beau jaune vert, que je puis à volonté reporter sur les murs de mon bureau et faire descendre et monter à mon gré.

Et c'est ici que je dois avouer ce que j'ai fait.

Quand la fantaisie m'en prend, je place la pointe de mon crayon (l'idéal est de disposer d'un crayon parfaitement taillé) au milieu de ma feuille de papier (j'écris sur un bloc de papier quadrillé jaune pâle), au centre de ma table, l'œil fixé sur l'immeuble de la 72e Rue, et je le maintiens fermement en place.

Ce faisant, je modifie tout le fonctionnement du système. Au lieu d'avoir une terre qui tourne sur elle-même en vingt-quatre heures, je fais lentement tourner le soleil autour de la 69e Rue Est. C'est à la portée du premier venu. Cela demande un petit effort initial, mais, au prix de quelques minutes de concentration intense, on parvient à maintenir la 69e Rue en état d'immobilité parfaite. Elle devient le centre immuable, et l'on sent très bien le soleil parcourir son vaste cercle, partant derrière l'observateur et sur sa droite. Une fois le soleil ainsi mis en mouvement, l'organisation de tout le système solaire est un jeu d'enfant, de telle sorte que le système tout entier se met à tourner autour d'une terre fixe, centrale et immobile et, plus précisément, autour d'un point central situé au nord-est de Manhattan. Certes, on doit faire face à quelques excentricités, corriger certaines asymétries, et tout cela n'est pas très net, mais enfin ça marche.

Ce que je n'avais pas compris, quand je me suis lancé dans ce petit passe-temps, c'est qu'il est impossible de s'en tenir au seul système solaire.

Il faut faire tourner toute la galaxie, d'un bout à l'autre, en vingt-quatre heures très exactement et, cela fait, il reste toutes les autres galaxies, qu'on ne peut pas se permettre de laisser en carafe, comme ça, au milieu de rien. Il faut les mettre en branle, elles aussi, en parfait synchronisme avec notre petit soleil et, en même temps qu'on les fait tourner, sifflant à travers les turbulences des vents solaires, il faut leur permettre de poursuivre leur propre danse rythmique les unes autour des autres, tandis que toutes leurs composantes dansent elles-mêmes à l'intérieur de chacune. On voit l'immensité de la tâche, la nécessité pour la mener à bien de maintenir le crayon d'une main ferme. Il faut s'en acquitter complètement, aller jusqu'au bout, faute de quoi le système entier volerait en éclats.

Bref, si l'on désire que le soleil tourne autour de la terre, effectuant une révolution complète en vingt-quatre heures, il faut entraîner dans le mouvement l'univers entier, l'ensemble des galaxies, la totalité des objets contenus dans l'espace, jusqu'à la frontière courbe qui le ferme.

Le plus difficile de tout est la vitesse à laquelle il est nécessaire de faire tourner les galaxies les plus éloignées, pour qu'elles accomplissent elles aussi leur révolution en vingt-quatre heures. Cela signifie en effet qu'à la périphérie il faudra imaginer des vitesses de rotation fantastiques, bien supérieures à celle de la lumière, faute de quoi des pans entiers de l'univers resteraient à la traîne et tout s'effondrerait. Pour que l'univers tourne en vingt-quatre heures autour d'une terre fixe, parfaitement immobile, il faut être prêt à y consacrer suffisamment de temps et savoir tenir le crayon d'une main très ferme.

Mais je m'inquiète aujourd'hui de l'effet que cela risque d'avoir eu sur les astronomes qui observaient peut-être les phénomènes célestes depuis Pasadena, Puerto Rico, Palomar ou Pittsburgh. Tout va probablement bien tant que j'arrive à faire tourner l'univers entier d'un seul bloc, à supposer qu'il n'existe nulle membrane, à la périphérie, nulle adhérence que mon petit jeu déchirerait sans que j'en prenne conscience. Mais que se passe-t-il lorsque je me fatigue de l'expérience, ce qui finit toujours par arriver, et que je lâche le crayon pour me mettre à penser à autre chose ? J'imagine qu'un tremblement doit alors parcourir le système entier tandis que les choses reprennent leur physionomie coutumière et que la terre se remet à tourner sur elle-même en vingt-quatre heures, et autour d'un soleil en un an.

Voilà pourquoi je tenais à faire connaître au monde mes expériences, au cas où elles nécessiteraient l'introduction de quelques corrections dans les phénomènes observés pendant que je m'y livrais en toute innocence. Outre cela, il me vient brusquement à l'esprit que mes manipulations ne sont peut-être pas les seules. Il est parfaitement possible, maintenant que j'y pense, qu'un autre New-Yorkais, de l'autre côté de Central Park, se soit avisé de faire tourner l'univers autour de son appartement à lui ! Et pourquoi s'en tenir à New York ? Il peut aussi bien se trouver des manipulateurs d'univers à Dallas, ou à San Francisco. A vrai dire, il peut s'en trouver simultanément ou successivement, vingt-quatre heures sur vingt-quatre, aux quatre coins du monde. Et l'univers tourne, s'arrête, repart, monte, descend, au gré de la fantaisie de tous ces expérimentateurs, en dehors de toute coordination. Il était grand temps d'en avertir les astronomes, pour qu'ils remettent un peu d'ordre dans leurs chiffres.

Je suis désolé d'avoir pu me rendre coupable d'une telle légèreté, mais au risque d'aggraver mon cas, je dois avouer que je ne puis promettre de ne jamais recommencer. Quand on a tenu tout l'univers accroché à la pointe de son crayon, quand on a été le maître de l'unique point fixe autour duquel l'énorme masse des corps célestes les plus lointains, réduite à rien par la vitesse, virevolte comme les cochons roses et les chevaux de bois du grand manège cosmique, il est difficile de s'arrêter.

De la maladie

Si l'on n'y regarde pas de trop près, le méningocoque présente toutes les caractéristiques d'un implacable et dangereux ennemi de l'espèce humaine. Les épidémies ravagent les casernes, n'épargnent pas les écoles, frappent parfois la population de villes entières. Le germe pénètre dans le sang, franchit la barrière méningée, et déclenche alors la méningite, maladie redoutable, dont l'issue était fréquemment fatale avant la chimiothérapie. Et la relation entre le microbe et son hôte semble bien une relation de spécificité, puisque le méningocoque paraît particulièrement adapté à la vie dans les méninges de l'être humain. On pourrait même dire que c'est ainsi que vit le méningocoque, prédateur dont nous serions la proie.

La réalité est toute différente. Pour peu que l'on compare le nombre total des porteurs de méningocoques avec celui des personnes atteintes de méningite, on voit que les relations réelles sont d'un autre ordre. Les cas de méningite déclarée sont toujours une infime minorité. Certes l'infection existe dans la majorité des cas, mais elle se confine aux muqueuses rhinopharyngées et passe d'ordinaire inaperçue. Ceux qui en sont atteints fabriquent en quelques jours des anticorps qui circulent dans le sang, et, que le méningocoque disparaisse ou non du pharynx, les choses en restent là. Il ne se produit pas d'invasion du système nerveux central.

Les cas de méningite sont l'exception. La règle, dans le cas de l'infection par méningocoque, est une atteinte bénigne et passagère des voies respiratoires supérieures, qu'on serait tenté de qualifier d'association, plutôt que d'infection. Les raisons pour lesquelles une méningite se déclare chez certains patients nous demeurent mystérieuses, mais il est peu vraisemblable que son apparition soit due à une prédilection spéciale de la bactérie. Peut-être les mécanismes de défense des patients qui en sont affectés présentent-ils un défaut très particulier, de telle sorte que les méningocoques sont pour ainsi dire invités à pénétrer dans le système nerveux central. Quoi qu'il en soit, la maladie est plutôt une anomalie, une espèce d'accident.

Le virus de la chorioméningite lymphocytaire est omniprésent chez la souris. La maladie, sous sa forme classique, est une méningite mortelle, avec apparition, à la surface du cerveau, d'un exsudat entièrement composé de lymphocytes. Au premier coup d'œil, on croirait avoir affaire à l'invasion, puis à la destruction du système nerveux central, par un virus spécialement adapté à cette conduite. En réalité, la maladie est causée par l'invasion de la surface du cerveau par les propres lymphocytes de l'hôte, et non par une quelconque propriété neurotoxique du virus. Si l'on inhibe la réaction lymphocytaire, en injectant, par exemple, la maladie durant la vie fœtale, de manière à créer une « tolérance » au virus, on obtient une infection virale généralisée, englobant le système nerveux central, mais sans aucune lésion cérébrale particulière. Si l'on rétablit alors, chez l'animal infecté, la réaction immunitaire habituelle en lui greffant le tissu lymphoïde de souris normales, non traitées, la méningite apparaît en quelques jours. Les nouveaux lymphocytes ne tardent pas à envahir la surface du cerveau, pour y chercher le virus, et l'issue est fatale. La maladie est donc, pour l'essentiel, le résultat des réactions de l'hôte au virus.

La cortisone, qui compte, parmi ses nombreuses propriétés, celle d'inhiber diverses réactions de défense contre les bactéries, semble aussi capable d'empêcher, du même coup, l'apparition de la plupart des grandes manifestations cliniques des maladies infectieuses. Au début des années 1950, peu après que les recherches cliniques sur la cortisone furent devenues possibles, Finland traita à la cortisone plusieurs patients atteints de pneumonie à pneumocoques ou de pneumonie atypique. Il en résulta ce qui pouvait passer pour une guérison clinique miraculeuse. En quelques heures, fièvre, malaise, prostration, douleur pectorale et quintes de toux avaient disparu et les patients, persuadés d'être totalement guéris, réclamèrent leur repas et demandèrent à quitter le lit pour se promener et vaquer à leurs affaires. Mais les examens radiologiques montraient au même moment une extension de la maladie, et l'on mit rapidement fin à l'expérience. Par la suite, d'autres chercheurs ont pu observer une élimination similaire des signes cliniques de la fièvre typhoïde et des rickettsioses, elles aussi associées à l'extension réelle de la maladie.

Les exemples les plus spectaculaires de maladies déclenchées par les réactions de l'hôte sont à rechercher dans le monde animal, et plus particulièrement dans l'éventail des effets produits, chez divers animaux, par les endotoxines lipopolysaccharidiques des bactéries à Gram négatif. Dans ce cas, la toxine microbienne semble à peine mériter son nom, puisqu'elle n'est pas toxique. La substance exerce un effet puissant sur divers tissus et cellules, parmi lesquels les leucocytes polynucléaires, les plaquettes, les lymphocytes, les macrophages, les muscles lisses artériolaires, le complément et les mécanismes de la coagulation, mais tous ces effets représentent des réactions parfaitement normales, des choses qui se produisent tous les jours dans le courant de la vie de l'organisme.

Ce qui les transforme en désastre, c'est qu'elles sont déclenchées toutes ensemble par l'hôte, comme par un signal d'alarme, et il en résulte une destruction massive des tissus – comme dans le cas de la réaction généralisée de Schwartzman – ou un arrêt immédiat de la circulation sanguine – comme dans un choc dû aux endotoxines.

Pour prévenir la réaction de Schwartzman, il suffit d'inhiber l'une des composantes de la réaction. On peut, par exemple, éliminer provisoirement les leucocytes polynucléaires par application d'ypérite, ou empêcher la coagulation sanguine par injection d'héparine. Les animaux ainsi traités ne présentent ni la réaction locale, ni la réaction généralisée de Schwartzman. Quant aux réactions de choc mortel, la cortisone permet de les éviter.

On ne sait comment l'endotoxine agit pour produire son signal. Mais le mécanisme semble bien être présent depuis fort longtemps. L'un des plus sensibles de tous les animaux d'expérience est un crabe, *Limulus polyphemus*, chez qui l'injection dans le sang d'un microgramme de lipopolysaccharide suffit à déclencher une réaction d'une extrême violence. Les cellules du sang forment des agrégats très denses, liés par une protéine coagulée qu'elles sécrètent. En conséquence, la circulation sanguine s'interrompt et l'animal meurt. On semble bien se trouver en présence d'une réaction de défense énormément exagérée, destinée à protéger le crabe d'une invasion par des germes pathogènes à Gram négatif. Frederick Bang a montré que les granules des cellules sanguines renferment une protéine coagulable qui est expulsée quand des bactéries à Gram négatif pénètrent dans l'organisme. On suppose que, dans la normale, les germes présents individuellement sont ainsi pris au piège avant d'être phagocytés. En injectant dans le sang l'endotoxine purifiée, on « annonce » une invasion massive de bactéries – qui doivent être prises au piège – et ce sont donc toutes les cellules sanguines qui émettent ensemble la protéine en question. De nouvelles découvertes permettent même de penser que le signal de l'endotoxine est perçu directement par un récepteur contenu dans les cellules. D'où une méthode de détection de l'endotoxine d'une sensibilité exquise utilisant un extrait d'hémocytes de *Limulus*, qui coagule en présence de concentrations de lipopolysaccharide de l'ordre du nanogramme/millilitre.

Du point de vue de notre crabe, il s'agit indiscutablement d'un mécanisme précieux et efficace pour maintenir en respect les germes pathogènes. Dans les conditions normales de fonctionnement, face à des micro-organismes peu nombreux, il ne présente nul danger. Mais, si les barrières sont franchies et que les bactéries se présentent en grand nombre, ou, ce qui revient au même, quand on injecte une endotoxine purifiée dans les conditions du laboratoire, la défense devient plus coûteuse que l'attaque elle-même. Le mécanisme de défense devient lui-même la maladie et entraîne la mort de l'animal, tandis que les bactéries jouent le rôle de simples spectateurs, assistant à un événement dont, de leur propre point de vue, elles ne sont nullement responsables.

Même dans le cas des bactéries directement toxiques, qui détruisent les cellules de leur hôte, comme les organismes qui sécrètent des exotoxines, l'existence d'une relation directe de cause à effet est loin d'être totalement établie. Le bacille de la diphtérie ne mériterait nullement le titre d'agent pathogène s'il n'élaborait une toxine. Et même cette réaction toxine/cellule ne peut être qu'une relation de réciprocité impliquant une grande intimité, reconnaissance et conformité de la toxine, et la mise en œuvre de la machinerie moléculaire de la cellule comme si la toxine était confondue avec l'un des ouvriers normaux de la synthèse des protéines. Ce n'est pas tout. La toxine n'est pas, pour ainsi dire, une idée personnelle du bacille diphtérique. Elle n'est fabriquée par la bactérie que sous l'influence et sur les instructions d'un virus, le bactériophage. Seuls les organismes devenus « lysogènes » pour le virus sont toxinogènes. La diphtérie n'est donc pas une infection due au seul bacille diphtérique, elle est l'œuvre d'un bactériophage dont la raison d'être est l'infection du bacille. On peut même concevoir que l'information génétique qui permet au bactériophage de contraindre le bacille à produire une toxine a été empruntée ailleurs, au cours d'une longue association avec l'animal-hôte, ce qui pourrait expliquer l'étroite similitude entre la toxine elle-même et les protéines constituantes des cellules de l'hôte.

C'est indiscutablement une relation étrange, qui ne présente aucun des caractères tranchés du rapport proie/prédateur que nous estimions naguère prévalant dans les maladies infectieuses. Il est difficile de discerner ce que le bacille de la diphtérie peut bien avoir à gagner à produire cette toxine. Les corynébactéries vivent parfaitement bien à la surface des membranes respiratoires de l'homme ; or, elles y déterminent la production d'une pseudomembrane nécrotique qui risque de tuer l'hôte et de mettre du même coup un terme à cette relation profitable. Bref, cela n'a guère de sens, et apparaît plutôt comme une espèce de bourde biologique dans laquelle on discerne mal un quelconque avantage évolutif.

La plus pernicieuse de toutes les toxines microbiennes est, pour l'homme, celle du botulisme, dont l'inutilité ne fait strictement aucun doute. Le tétanos et sa toxine représentent un accident de même nature. Mais il est intéressant de noter que ces organismes, comme le bacille diphtérique, et aussi les streptocoques du groupe A et leur toxine érythrogène, sont toxiques parce qu'ils ont été infectés par un bactériophage. Si la production d'exotoxines par les bactéries s'avère toujours déterminée par les instructions d'un virus, on se trouve en présence d'une extraordinaire énigme.

Lors du premier débarquement de l'homme sur la Lune, les responsables du projet tinrent à nous rassurer : les plus grandes précautions seraient prises pour éviter la contamination des formes de vie terriennes – et en particulier de l'être humain – par les micro-organismes que risquait d'héberger notre satellite. Et, de fait, un rituel fort complexe d'asepsie lunaire fut mis en œuvre après chaque expédition. Masqués et isolés derrière d'épaisses plaques de verre, les voyageurs de l'espace étaient soumis à une quarantaine tant que la preuve n'était pas faite qu'ils n'étaient porteurs d'aucun germe inconnu. L'idée que les germes nous environnent, prêts à se jeter sur nous à la première occasion pour nous dévorer et nous détruire, est si fermement ancrée dans la conscience moderne qu'il paraissait raisonnable de supposer que des germes venus d'ailleurs, étrangers à notre monde, seraient encore plus effrayants et plus difficiles à maîtriser.

Certes, il est vrai que des germes nous environnent ; ils constituent une proportion importante de la terre arable, et ils abondent dans l'atmosphère. Mais il ne fait aucun doute qu'ils ne sont nullement nos ennemis. On est même surpris de constater à quel point sont peu nombreuses les populations bactériennes qui s'intéressent tant soit peu à nous. Une infime minorité. La rencontre la plus commune entre les bactéries et les formes de vie supérieures se produit après la mort de ces dernières, pour le recyclage des matériaux essentiels à la vie. Telle est, à l'évidence, la tâche principale du vaste peuple des microbes ; et elle n'a strictement rien à voir avec la maladie.

Il est fort probable, encore que je ne sois pas en mesure d'en apporter la preuve, que les relations symbiotiques entre les bactéries et les métazoaires qui leur servent d'hôtes sont beaucoup plus répandues dans la nature que ne le sont les maladies infectieuses. Si l'on fait le compte de tous les microbes indispensables à tel ou tel tube digestif, auxquels ils apportent des éléments nutritifs essentiels, ou encore des enzymes indispensables à la digestion de certains aliments – inutilisables autrement – et si l'on y ajoute tous les agrégats bactériens qui sont intégrés aux tissus de nombreux insectes, dans lesquels ils jouent le rôle d'organes nécessaires, et toutes les bactéries dont les relations symbiotiques avec les légumineuses sont indispensables à la fixation de l'azote, on obtient un total de relations symbiotiques absolument écrasant. A côté, la liste des infections bactériennes de l'homme est vraiment brève.

J'imagine qu'il en irait autrement si nous n'avions pas fait de progrès considérables dans le domaine de l'hygiène, de l'alimentation et du logement. Il en va d'ailleurs autrement pour les nourrissons des pays où ces différents domaines laissent encore à désirer. La principale cause de mortalité infantile reste, et de très loin, l'entérite, causée par un environnement contaminé. Mais, en règle générale, on peut dire que les progrès de la civilisation et de la... plomberie ont considérablement diminué la menace que les maladies infectieuses font peser sur la vie humaine, menace que les antibiotiques ont fait reculer plus encore.

Il n'en demeure pas moins qu'avant toutes ces améliorations, quand les conditions dominantes étaient uniformément épouvantables, au temps des grandes pestes, la guerre entre les microbes et les hommes ne fut jamais une affaire d'envergure. Et encore, bien souvent, la violence de ces maladies était due avant tout à la violence des mécanismes de défense de l'hôte. La lèpre, comme la tuberculose, est une maladie terriblement destructrice, mais la destruction est en grande partie immunitaire, commandée par l'organisme hôte. Les principales lésions de la syphilis, y compris l'artérite et peut-être aussi le tabès qui lui sont associés, sont causées, en partie du moins, par des réactions immunitaires au tréponème.

Aujourd'hui que tant de maladies infectieuses sont maîtrisées, nous nous trouvons confrontés à une liste de maladies graves qu'il est de bon ton d'étiqueter « dégénératives ». Elles comprennent les affections chroniques du cerveau et de la moelle épinière, les néphrites chroniques, l'artériosclérose, et divers troubles causés par les déficiences de la circulation sanguine. Bien que la plupart des mécanismes qui sous-tendent l'apparition et l'évolution de ces maladies nous demeurent mystérieux, l'idée se répand de plus en plus dans le public que nombre d'entre elles pourraient résulter de l'influence qu'exerce sur nous l'environnement – nos aliments, l'air que nous respirons, les objets avec lesquels nous sommes en contact. Comme dans le cas du cancer, nous nous acharnons à rechercher des causes extérieures à ce qui va mal.

Et pourtant, quand nous aurons fait progresser notre connaissance de la pathogénèse en général, il apparaîtra peut-être que la plupart des événements qui entraînent des lésions tissulaires dans ces maladies sont des mécanismes appartenant à l'hôte et gouvernés par son organisme. C'est notre complexité même, les dédales de notre organisme qui nous rendent vulnérables. Les innombrables systèmes et mécanismes qui nous composent sont sujets à toutes sortes de minuscules dérèglements, d'infimes tours de clef, qui risquent de se répercuter tout au long d'une interminable chaîne d'interactions méticuleusement réglées et coordonnées.

De la mort naturelle

La mort et l'acte même de mourir inspirent tant d'ouvrages nouveaux qu'ils occupent désormais un rayon spécialisé dans les librairies, entre les régimes diététiques et les manuels de bricolage, à quelque distance des traités de maintien sexuel. Certains renferment tant d'informations détaillées et d'instructions minutieuses sur l'art de mourir, étape par étape, qu'on serait porté à croire qu'il s'agit en l'occurrence de quelque technique nouvelle, que tout honnête homme se doit de connaître. Une lecture rapide de quelques-unes d'entre eux aura tôt fait de convaincre le lecteur pressé que l'art de mourir comme il faut est quelque chose de tout à fait extraordinaire, voire d'exotique, que seul un entraînement hautement spécialisé permet d'acquérir.

On pourrait être amené à conclure, en outre, que nous sommes les seules créatures à avoir conscience de la mort, le cycle de la nature et de la vie, qui amène tous les êtres à la mort, génération après génération, étant un processus tout à fait différent, plus automatique, plus banal, bref, plus « naturel » comme on dit.

Dans notre jardin, cet été, un orme a attrapé la nielle et il est mort, brusquement, totalement dépouillé, du jour au lentemain. Un dimanche, c'était un orme tout ce qu'il y avait de plus normal, très vaguement déplumé, peut-être, par endroits, et puis, le dimanche suivant, *plouf!* plus personne, décédé, disparu, emporté. Emporté est bien le mot, car l'émondeur est venu, avec ses gars, sa tronçonneuse, son beau camion rouge. Tout ce petit monde s'est mis au travail, l'orme a été proprement dépecé, branche par branche, et embarqué. Toute l'équipe chantait en travaillant.

La mort d'un mulot, entre les mâchoires d'un sympathique matou, est un spectacle qu'il m'a été donné maintes fois de contempler. Les premiers temps, il me faisait frémir. Mais, très vite, j'ai renoncé à lancer des cailloux au chat pour lui faire lâcher prise : le mulot libéré ne tardait pas à mourir, de toute façon. En revanche, et pendant fort longtemps, j'ai continué à vociférer des injures à l'adresse du matou, pour bien lui faire comprendre quelle sale bête il était. La nature me semblait une abomination.

J'ai récemment consacré quelques réflexions au sort de ces mulots et j'en suis venu à me demander si, pour eux, cette mort n'est pas très voisine du trépas de notre orme. La principale différence, s'il en existe, tient évidemment à la douleur. Je ne crois pas que les ormes possédent de récepteurs de la douleur. De toute manière, la nielle me semble une maladie relativement indolore, à supposer que les arbres possèdent des terminaisons nerveuses – et tel n'est pas le cas. Mais un mulot, un pauvre petit mulot pendouillant à la gueule d'un matou tigré, voilà qui est bien différent. Comme il doit souffrir, direz-vous, d'une souffrance insupportable, de tout son petit être.

Il se trouve que des découvertes récentes m'inclinent à penser qu'il n'en est rien et l'on est parfaitement en droit d'imaginer que les choses se passent tout autrement pour la bestiole. A l'instant où elle est prise et que les crocs pénètrent sa chair palpitante, son hypothalamus et sa glande pituitaire sécrètent des hormones peptidiques. Ces substances, baptisées endorphines, vont aussitôt se fixer à la surface des cellules responsables de la perception douloureuse. Ces hormones possèdent les propriétés pharmacologiques de l'opium, elles apaisent la douleur. Voilà pourquoi le mulot dodeline de manière si alanguie aux mâchoires assassines, voilà pourquoi il ne bouge pas quand d'aventure le matou le relâche, pourquoi il meurt sans résistance des blessures reçues. Si les mulots pouvaient se montrer fatalistes, il hausserait probablement les épaules.

J'ignore dans quelle mesure cette version

est la bonne et, si ce que je viens d'écrire est vrai, j'ignore comment en apporter la preuve. A supposer que l'on puisse intervenir assez rapidement pour administrer de la naloxone, un antagoniste spécifique de la morphine, on serait peut-être en mesure d'inhiber l'effet des endorphines et d'assister au retour de la douleur. Mais c'est une opération à laquelle je n'aimerais ni me livrer en personne ni assister. Je crois que je préfère en rester là, et tenir pour probable que c'est bien ainsi que meurt un mulot broyé par un chat ; voire, qu'il en va peut-être ainsi de la mort en général.

Montaigne a vu la mort de très près, lors d'un accident de cheval dont il réchappa de justesse. Il fut si grièvement blessé que ses compagnons le crurent mort et le portèrent chez lui au milieu d'un concert de lamentations. « Tout sanglant, car mon pourpoint était taché partout du sang que j'avais perdu. » Bien qu'il eût été « plus de deux grosses heures tenu pour trépassé », il conserva le souvenir de tout l'épisode et ne manqua pas de se poser quelques questions par la suite :

« Il me semblait que ma vie ne me tenait plus qu'au bout des lèvres : je fermais les yeux pour aider, ce me semblait, à la pousser hors, et prenais plaisir à m'alanguir et à me laisser aller. C'était une imagination qui ne faisait que nager superficiellement en mon âme, aussi tendre et aussi faible que tout le reste, mais à la vérité non seulement exempte de déplaisir, mais mêlée à cette douceur que sentent ceux qui se laissent glisser au sommeil.

« Je crois que c'est ce même état où se trouvent ceux qu'on voit défaillants de faiblesse en l'agonie de la mort ; et tiens que nous les plaignons sans cause (...) A la vérité, pour s'apprivoiser à la mort, je trouve qu'il n'y a rien que de s'en avoisiner. »

Dans un autre essai, Montaigne est revenu sur le sujet :

« Si vous ne savez pas mourir, ne vous chaille ; nature vous en informera sur-le-champ, pleinement et suffisamment. »

Le pire accident que j'aie jamais vu de ma vie s'est produit à Okinawa, dans les premiers jours de l'invasion. Une jeep entra en collision avec un gros camion et fut complètement aplatie par le choc. Deux jeunes soldats, mortellement blessés, restaient prisonniers des tôles tordues. Seule leur tête dépassait du cercueil d'acier. Tandis qu'on découpait la ferraille pour les dégager, j'eus une brève conversation avec eux. Ils étaient désolés d'avoir causé cet accident, me dirent-ils. Non, ils ne souffraient pas, du tout. « J'espère qu'il n'y a pas d'autres blessés », ajouta l'un d'eux. Et comme je répondais par la négative, « Alors, tout va bien », fit l'autre. Puis ils moururent tous les deux.

La douleur est utile comme signal d'alarme, elle sert à éviter le pire, à se sauver quand il en est encore temps ; mais quand il n'est plus temps, quand les jeux sont faits sans retour en arrière possible, alors il est probable que la douleur disparaît sous l'effet de mécanismes d'une célérité, d'une précision et d'une efficacité remarquables. Si l'on me demandait de concevoir un écosystème au sein duquel les êtres se nourrissent les uns des autres et dans lequel la mort serait un aspect essentiel, indispensable, de la vie, je ne pourrais imaginer meilleure disposition que celle-là.

Et si l'on faisait un petit voyage ?

Je ne suis pas près de croire que l'être humain arrive au bout de ses surprises. Il ne manque pourtant pas de chercheurs parfaitement informés qui clament à qui veut les entendre qu'après la biologie moléculaire et l'astrophysique nous aurons très peu de chose à apprendre. A l'exception, s'empressent-ils toujours d'ajouter, de la nature de la conscience humaine, laquelle, en vertu du principe d'incertitude, demeurera à jamais hors de notre portée : notre pensée est au cœur même de la vie, elle ne peut se mettre à la fenêtre pour se regarder passer dans la rue. Elle est, par principe, inconnaissable à elle-même.

On pourrait leur répondre que la conscience est peut-être un phénomène beaucoup plus général qu'ils ne le croient, partagé par l'ensemble des êtres qui composent la biosphère. De telle sorte que, cessant un instant de nous prendre pour le centre du monde et la mesure de toutes choses, nous pourrions parvenir à lui jeter un petit coup d'œil *chez les autres*. Il resterait à mettre au point la technique qui permettrait de pratiquer ce genre de neurobiologie. Cela fait, ce sont probablement des possibilités infinies de surprise et d'étonnement qui s'offriraient à nous. A supposer, bien sûr, que nous soyons encore là pour en jouir.

Si nous devons nous en remettre aux scientifiques pour trouver notre chemin dans l'avenir immédiat, le long terme demeure le domaine réservé des poètes. Nous devrions apprendre à leur poser des questions plus pertinentes et à mieux écouter leurs réponses.

Un poète est après tout une manière de chercheur. Mais sa science est qualitative, ses objets d'étude ne sont pas quantifiables et ses expériences sont nécessairement uniques. L'information contenue dans un poème n'est, par définition, pas reproductible. Quand le poète part en exploration, il doit reconnaître tout ce qui lui passe par la tête. Tout son talent doit consister à décider rapidement de ce qui mérite d'être retenu et de ce qui doit être rejeté. C'est alors qu'il devient l'équivalent d'un chercheur scientifique, soumettant à minutieux examen tout ce qui s'offre à lui, tout ce qui frappe son imagination, notant les plus lointaines ressemblances ou similitudes qui font que telle chose est la même que telle autre. Juge et maître d'exquises correspondances, il peut assembler méticuleusement des morceaux de l'univers en des configurations géométriques aussi belles, aussi équilibrées que les structures cristallines. Les musiciens et les peintres écoutent, puis recopient ce qu'ils ont entendu.

J'aimerais que les poètes puissent répondre sans détour à des questions simples, mais cela reviendrait à demander à des astrophysiciens de compter sur leurs doigts pour qu'on puisse vérifier leurs calculs. Mes questions simples, les voici : que dois-je penser de notre terre, aujourd'hui ? Où donc est passée la bonne vieille nature ? Qu'est devenue la masse frémissante, sauvage, mystérieuse du monde vivant ? Et que sont devenus la ferveur, l'enthousiasme panique qu'il suscitait en nous ? En moins de cinquante ans, depuis mon enfance dans une petite ville de banlieue, le monde s'est mué en une vaste construction de plastique et d'acier, compréhensible et mesquine. Mon village, perdu parmi les érables, c'était Brocéliande à deux pas de New York. Il a disparu entièrement. Plus d'arbres, plus rien. Rien qu'une mer de béton figé d'où émergent des immeubles sinistres, là où vingt-cinq mille personnes vivaient naguère dans les champs et foulaient du gazon. J'ai déménagé. Je me suis réfugié dans une banlieue plus lointaine où subsistent des arbres et des pelouses mais, la nuit, mon sommeil est hanté par le murmure du béton, par sa rumeur de marée qui monte jusqu'à nous par l'autoroute, depuis New York, pour tout engloutir.

Prenez l'avion, faites le tour de la terre en regardant toujours par le hublot. Vous verrez que nous nous sommes introduits partout. Partout la charrue a éventré les champs. Les sommets de toutes les montagnes ont été violés, leurs flancs sont recouverts de plastique et de béton. Il en est même, comme les Appalaches, que nous abattons peu à peu comme des arbres, à la tronçonneuse à montagne ! Tous les poissons ont été pris au piège et sont maintenant élevés dans de vastes parcs sous-marins soigneusement délimités pour la pisciculture. Quant aux animaux à sang chaud, nous n'aurons jamais assez de sacs en plastique pour contenir tous leurs cadavres. Bientôt ne survivront plus que les bovidés et les moutons, pour notre assiette, et les chiens et les chats pour nos maisons, nourris de la chair des dernières baleines tant qu'il en restera. Et aussi les rats, les cafards et de rares reptiles.

Les insectes ailés disparaissent, comme le calcaire de la coquille des œufs, comme les oiseaux du ciel.

Nous avons vaincu et domestiqué la nature et le monde est à nous désormais. Nous en ferons notre potager, jusqu'au jour où nous aurons appris à manufacturer notre propre chlorophylle, que nous suspendrons au soleil dans des sacs en plastique. Nous bâtirons Sarcelles au sommet du mont Everest.

Nous aurons tout soumis, tout régenté.

Maîtres du monde, que ferons-nous ? Que ferons-nous pendant les longs après-midi dominicaux, quand il n'y a personne à qui parler que nous-même ?

Voilà les vraies raisons pour lesquelles nous avons entrepris de scruter avec une telle application les flancs stériles et ténébreux de la planète Mars, aussi affreusement dépourvus de vie qu'ils puissent nous sembler. Nous sommes comme une famille absorbée dans la contemplation des dépliants d'agences de voyage.

Le ras-le-bol, ça existe. Nous sommes déjà si nombreux, et nous nous sommes dotés de prothèses si efficaces qui nous permettent de nous voir et de nous entendre les uns les autres aux quatre coins de la terre, que nous sommes devenus littéralement obsédés de nous-même. A croire que rien ne compte sur terre que nous-même.

Si l'on faisait un petit voyage ? Le changement d'air nous ferait du bien.

Un seul ennui, toutes les planètes du système solaire sont désertes, stériles, hostiles à la vie. Et si nous n'avions pas la main si verte que ça, après tout, si nous étions incapables de créer ou d'implanter la moindre parcelle de vie sur Mars ou sur Titan ? Qu'est-ce qui nous empêche de viser plus loin ? Apprenons à naviguer dans le vent des tempêtes solaires ! Hissons la voile. En route ! Il faudra jouer serré, prendre des risques, louvoyer ou naviguer au plus près, là-bas, là-bas, hors de la zone des tempêtes, en chute libre ou à contre-courant, la fortune sourira aux audacieux. Ce sera comme au bon vieux temps.

De l'ingérence

Si l'on constate que quelque chose ne tourne pas rond dans un système social complexe – une grande ville ou un hamster par exemple –, il est vain et illusoire d'espérer qu'une simple intervention extérieure, si bien intentionnée soit-elle, permettra d'y remédier de manière satisfaisante. C'est l'une des plus décourageantes découvertes de notre siècle de progrès. Jay Forrester en a fait la démonstration mathématique grâce à l'ordinateur. Les modèles de grande ville qu'il a imaginés lui ont permis de montrer clairement que toute intervention, fondée sur le sens commun, contribue presque inévitablement à faire empirer ce que l'on se proposait d'améliorer. Toute ingérence extérieure dans un système complexe entraîne le risque certain de déclencher des catastrophes inattendues sur des éléments du système que l'on avait négligé de prendre en considération. Pour intervenir sur un point précis, il est nécessaire d'acquérir au préalable une connaissance et une compréhension détaillées du système entier. Quand ce dernier est important, par la taille ou par la complexité, on ne peut y parvenir sans le secours d'ordinateurs gigantesques. Même alors, le plus sûr semble bien de se contenter du rôle de simple spectateur, dût-on s'en tordre les mains.

Toute intervention est une perturbation dommageable.

Si cela est avéré, on serait donc en droit d'aborder les problèmes des grandes villes dans l'esprit qui prévaut en pathologie expérimentale. Et donc d'estimer que certaines des choses qui ne tournent pas rond résultent d'une intervention bien intentionnée à l'origine.

Voilà qui simplifierait considérablement la question. Plutôt que de tenter d'intervenir pour modifier un certain nombre de choses, on pourrait alors se contenter d'extraire délicatement le premier intrus.

C'est bien à identifier puis à extraire des gêneurs isolés que s'attache la médecine moderne, à tout le moins dans le cas des maladies causées par des micro-organismes identifiables. Il ne faut pas faire un effort d'imagination trop important pour tracer une analogie entre un organisme malade et une ville en décomposition. Prenons le cas de la syphilis. Il n'y a pas si longtemps encore, avant la découverte du mécanisme des maladies microbiennes, la médecine considérait le syphilitique avancé comme un système complexe gravement déréglé sans qu'on pût attribuer son dérèglement à une cause précise, isolable, identifiable. Elle ne pouvait donc pratiquer qu'un interventionnisme tous azimuts. Pour rendre l'analogie plus frappante, il suffit d'imaginer ce qui pourrait se passer si nous connaissions tout de la médecine moderne, à l'exception des règles de l'infection microbienne par le spirochète. Nos interventions revêtiraient alors de multiples aspects : nous inventerions de nouvelles variantes de la psychothérapie de groupe pour combattre les troubles de la subjectivité entraînant la paralysie générale, nous transplanterions des cœurs et des aortes pour réparer les conséquences de l'aortite syphilitique, nous administrerions des immunosuppresseurs pour inverser les réactions auto-immunes du tabès, nous extrairions les gommes syphilitiques du tissu hépatique, et ainsi de suite. Nous risquerions même de nous interroger sur le rôle éventuel du « stress » dans l'évolution de cette maladie « multifactorielle » chronique, tandis que les partisans de l'approche holistique multiplieraient les suggestions, depuis l'amélioration des conditions de logement jusqu'à la nomination par la Maison Blanche de commissions d'enquête sur la pollution de l'air. En d'autres temps, nous aurions accumulé les saignées, les purges et les ventouses. Ou essayé les incantations, les transes et l'exorcisme. Bref, tout et n'importe quoi, dans l'espoir d'apporter une quelconque amélioration de l'état général de l'organisme des patients.

Si l'on excepte, peut-être, les incantations, il ne fait aucun doute que tout l'arsenal classique de l'interventionnisme médical que nous venons d'évoquer faisait plus de mal que de bien.

Dans le cas de la syphilis, nous savons aujourd'hui que le problème est simple. Armé de la certitude scientifique du rôle d'intrus que joue le tréponème, il suffit de s'attacher à éliminer ce gêneur. Si cela est fait assez rapidement, avant que l'organisme entier du patient n'ait été atteint et lésé, la guérison et le retour à la normale ne font aucun doute et le problème se résout de lui-même.

Dans la pathologie des organisations sociales, les choses sont incontestablement plus compliquées. Il risque d'y avoir plus d'un intrus. Il risque même d'y en avoir des légions, voire un *système* entier d'intrusion, dont les composantes infiltrent l'ensemble du système social que l'on cherche à soigner. Dans ce cas, le problème se complique d'autant mais il demeure soluble, à partir du moment où le diagnostic d'intrusion aura été posé.

On me reprochera sans doute de chercher à instaurer une variante moderne de la démonologie la plus usée en postulant l'existence de causes externes à des événements pathologiques d'origine purement interne. N'est-il pas dans la nature même des systèmes sociaux complexes de tourner mal, de se détraquer d'eux-mêmes, en dehors de toute intervention extérieure ? Témoin le rôle du surpeuplement par exemple. On n'en voudra pour preuve que le modèle désormais fameux de Calhoun, ces colonies de rats qui présentent une pathologie sociale maligne, due entièrement au comportement dévoyé de ces rongeurs. Voire ! serais-je tenté de répondre. Car il suffit en l'occurrence d'identifier l'intrus, qui n'est autre que le professeur Calhoun lui-même, pour que le système retrouve son équilibre. Le problème de ces malheureux rats ne réside pas dans une quelconque tendance innée des rats à adopter des comportements dommageables quand ils sont trop nombreux. Il tient tout entier à l'intervention du chercheur qui eut l'idée de les arracher au vaste monde pour les entasser dans des cages trop petites.

J'ignore l'identité des Calhoun qui ont détraqué notre bonne ville de New York, mais je suis persuadé qu'il faut entreprendre de les identifier afin de les mettre hors d'état de nuire. Cette proposition n'a rien d'exorbitant. Sans eux et leur manie de se mêler de ce qui ne les regarde pas, le système fonctionnera correctement. Pas à la perfection, sans doute, mais de manière très viable.

Il existe une liste de maladies que la médecine a baptisées « idiopathiques », signifiant par là qu'elle en ignore les causes. Cette liste a considérablement raccourci. Il y a moins d'un siècle, des infections communes comme la fièvre typhoïde et la méningite tuberculeuse étaient considérées comme des affections idiopathiques. Quand il fit son apparition dans le vocabulaire de la médecine, le mot avait un tout autre sens, hautement théorique. On supposait que la plupart des maladies de l'homme trouvaient leur origine en elles-mêmes, qu'elles étaient dues à des défauts intrinsèques, inhérents à l'organisme, à de quelconques dérèglements des « humeurs ».

Le terme « idiopathique » désignait, littéralement, une maladie trouvant son origine en elle-même, une maladie « primaire » dépourvue de cause extrinsèque. La liste de tels désordres s'est petit à petit réduite, au fur et à mesure que progressait la science médicale, particulièrement au cours de ce siècle, et le sens de ce terme a perdu sa coloration doctrinale ; nous utilisons aujourd'hui « idiopathique » seulement pour indiquer que la cause d'une maladie est inconnue. Il est très probable que, lorsque la science médicale aura évolué un peu plus, nous aurons découvert que toutes les maladies sont le résultat d'une intervention extérieure intempestive d'un genre ou d'un autre. C'en sera fini de la maladie idiopathique.

Avec le temps, et beaucoup plus de chance encore, il est très possible que les sciences sociales suivent le même chemin.

Des commissions

Les marques de notre identité s'inscrivent irréversiblement et sans équivoque dans notre comportement, que nous soyons seuls ou en groupe. Comme personne ne peut, en dehors du laboratoire, prendre conscience du génome particulier de chacun, ni humer en toute sûreté la spécificité phéromonale de nos semblables, nous sommes bien obligés de nous en remettre à des signes plus spectaculaires, démarche, intonations, style épistolaire, port de tête. A ce petit jeu, nous sommes infaillibles. Nul n'est réellement semblable à quiconque. Il peut exister des ressemblances, des similitudes, il n'est point de répliques parfaites. Nous sommes quatre milliards d'individus uniques.

Voilà pourquoi lorsqu'une commission est réunie, chaque participant se retrouve forcément dans la peau d'un acteur, contraint de jouer son propre rôle, incapable de faire autre chose que d'affirmer sa spécificité et son identité. Cela demande beaucoup de temps et d'énergie, au point que, tout au long de ce processus, il n'est guère possible de faire autre chose. Bien des commissions n'ont ainsi commencé à fonctionner de manière à peu près satisfaisante qu'une dizaine d'années après leur entrée en fonction, une décennie entière étant consacrée à l'affirmation successive ou simultanée par chacun de leurs membres des signes distinctifs de leur identité.

Sans cette pulsion individuelle irrépressible, les commissions seraient une merveilleuse invention pour la réflexion collective. Mais on ne peut y échapper. A croire que nous sommes conçus, codés pour ainsi dire, de manière à accorder la toute première priorité à l'affirmation de notre spécificité individuelle, affirmation qui l'emporte sur toute autre considération, dût le groupe en pâtir et sombrer dans l'impuissance.

Telle est certainement l'idée motrice de la démocratie, et l'on n'a pas fini de s'émerveiller qu'un tel système puisse fonctionner tant soit peu, sans même parler de fonctionner correctement. L'individu est le bien le plus précieux de l'humanité et ce n'est qu'après avoir cultivé son identité dans tout ce qu'elle a d'unique qu'il est en mesure de se rendre utile à la société. Comme bien des idées séduisantes dans le domaine de l'organisation sociale, celle-ci nous vient tout droit de la Chine ancienne. L'intégrité de la personne est la plus individuelle des qualités ; ni les groupes, ni les sociétés ne sauraient la posséder; elle est d'une qualité purement individuelle. C'est une rude tâche pour la civilisation.

Mais l'individualisme peut être poussé à l'excès, et c'est ce à quoi l'on assiste presque quotidiennement au sein de toutes les commissions. Si le langage est, à l'origine, plutôt favorable aux « êtres d'exception » qui « sortent du troupeau », il ne tarde pas à prendre une nuance péjorative pour désigner les « originaux » qui veulent toujours se « singulariser ». Car l'on fustige les attitudes peu sociables, voire antisociales des êtres que leur individualité hypertrophiée rend « bizarres », « étranges », ou « excentriques ». Les pires de tous étant bien sûr les *idiots*, du grec *idios* qui signifiait seulement personnel ou privé.

De nos jours, la complexité des organisations au sein desquelles nous vivons ne cessant de croître, en même temps que la densité des populations, le travail des différents groupes de réflexion revêt une importance vitale. Cela devient encore plus vrai quand il s'agit de se livrer à quelques prévisions sur l'avenir. Dans ce domaine, notre instinct nous dit qu'il ne faut faire confiance à aucun individu : les prévisions doivent être une œuvre collective.

En raison même de l'urgence des problèmes qui nous attendent, le groupe de réflexion traditionnel a subi diverses modifications récentes, toutes destinées à apporter une amélioration qualitative de la réflexion collective. On a constitué – et plus particulièrement aux États-Unis – des « réservoirs de pensée », véritables banques de cerveaux qui, à mi-chemin du groupe de réflexion traditionnel et de l'entreprise industrielle, constituent des espèces d'usines à idées. Groupes d'études et tables rondes se multiplient dans les sphères gouvernementales et toutes sortes de gens sont convoqués à Washington où on les invite à siéger ensemble pour produire de la pensée collective. Dans l'industrie, on organise des groupes de rencontre pour permettre aux cadres de s'entasser dans des pièces où ils ont tout loisir de s'affronter les uns les autres en s'invectivant à volonté, dans l'espoir que des idées neuves jailliront éventuellement de ces confrontations. Mais on se heurte toujours au vieux problème : tous ceux qui participent à des expériences de réflexion de groupe demeurent, avant tout, des individus désireux d'exprimer leur spécificité et d'établir leur identité.

La plus récente invention pour circonvenir l'obstacle a été baptisée technique Delphi *. Elle a été mise au point dans les années 60 par des spécialistes de la RAND Corporation qui jugeaient insatisfaisants les méthodes et les résultats des groupes de réflexion chargés d'échafauder des projets d'avenir. Leur idée est simple, si simple qu'elle en paraît presque ridicule. Les rencontres sont remplacées par

* Delphes (N.d.T.).

des questionnaires écrits que l'on fait circuler entre les membres du groupe. Chaque participant y inscrit ses réponses et renvoie le questionnaire à l'expéditeur. L'ensemble des réponses ainsi obtenues est communiqué à tous les membres du groupe qui, après en avoir pris connaissance, sont invités à remplir une seconde fois le questionnaire. Et ainsi de suite. Il suffit en général de répéter l'opération trois fois. L'accord qui se dégage alors représente en général le maximum d'accords possible. Les réponses fournies la troisième fois sont d'ordinaire plus riches et plus solides que celles qui avaient été fournies d'emblée. Il existe quelques variantes du procédé, dans lesquelles les participants ont la possibilité de proposer eux-mêmes de nouvelles questions en même temps qu'ils répondent à celles qui leur sont posées.

L'idée que le système Delphi fonctionne, et parfois très bien, a quelque chose de presque humiliant. Le premier mouvement est de dénoncer là une nouvelle manifestation du goût des béhavioristes pour la manipulation sociale et le contrôle des comportements.

Et puis, à la réflexion, et considérant que la méthode fonctionne réellement à la perfection, du moins dans le domaine de la planification industrielle et gouvernementale, on est contraint de rechercher les aspects positifs qu'elle doit présenter.

Peut-être constitue-t-elle en dernier ressort un bon moyen de sauvegarder l'individu et sa personnalité propre tout en permettant une communion des esprits, condition indispensable de toute réflexion de groupe. Bref, un moyen de réconcilier les aspects les plus positifs de deux attitudes opposées : l'individualisme à tout crin et le collectivisme réducteur. Le meilleur des deux mondes en quelque sorte.

La méthode Delphi se ramène en somme à une bonne conversation attentive, dans laquelle chacun des participants se voit offrir l'occasion d'écouter réellement ses interlocuteurs. Débarrassé des bruits de fond du bavardage futile et des éclats de la vanité, chacun se trouve vraiment en position de réfléchir sérieusement. Puisque nulle voix ne s'élève, personne n'élève la voix. Si l'on veut bien envisager les choses de cette façon, on verra que l'on se trouve en face d'une découverte remarquable. Jusqu'à la mise au point de la méthode Delphi, il avait toujours été pratiquement impossible d'*écouter* vraiment lors des réunions d'un groupe quelconque. La fonction de chacun des membres étant de parler, chacun songeait, pendant les discours des autres, à ce qu'il lui faudrait dire pour renforcer sa position originale quand viendrait de nouveau son tour de prendre la parole. Il serait plus juste de parler de groupe de *discussion*, de réunion de *débat*, plutôt que de groupe de *réflexion*. En supprimant le besoin de marquer des points, d'avoir le dessus, de sauver la face, de faire taire ses contradicteurs en donnant de la voix, de mendier les applaudissements, tout un ensemble d'activités bruyantes et futiles, on met les gens intelligents en mesure de réfléchir tranquillement. C'est une idée sympathique et je me réjouis de son bon fonctionnement.

Il n'est pas indifférent que l'on ait choisi de la baptiser Delphi, en référence ouverte à l'oracle d'Apollon et à sa propre fonction prophétique. Dieu de la prophétie, Apollon était aussi l'inspirateur de certaines des plus nobles valeurs de la Grèce antique : sens de la mesure, respect des règles, réflexion, équilibre mental. Du point de vue de l'étymologie, Apollon fut peut-être lui-même un « groupe de réflexion ». En effet, le mot *apollo* (et peut-être aussi son doublet *apello*) servait à l'origine à désigner une réunion politique. Le rôle fondamental des réunions publiques dans la détermination d'une politique future doit avoir été perçu très tôt comme l'une des composantes de la société humaine, d'où son intégration dans un mythe et la création d'une divinité administrative ; d'où Apollon, dieu dorien de la prophétie.

Les réponses de la Pythie concernant l'avenir étaient toujours obscures. Le flou délibéré de ses oracles était destiné à permettre le choix entre diverses options. Elle symbolisait un peu l'ordre du jour d'un groupe de réflexion. Quand elle entrait en transe sur le trépied, marmonnant des paroles ambiguës, elle jouait le même rôle que celui du questionnaire d'aujourd'hui. Il restait aux *exégètes*, pour une part élus par les citoyens athéniens, et pour une autre nommés par les prêtres de Delphes, à déterminer le sens de l'oracle en se livrant à une méticuleuse exégèse. Le système semble avoir donné toute satisfaction pendant fort longtemps, constituant le fondement statutaire et légal de la religion grecque.

La méthode Delphi apparaît donc comme l'ultime avatar d'une technique sociale fort ancienne. Il s'agit de modifier le fonctionnement habituel des groupes de réflexion pour permettre à ceux qui les composent de réfléchir dans le calme et la sérénité. Le procédé formel utilisé en l'occurrence peut paraître nouveau, mais la méthode est très ancienne, aussi ancienne, peut-être, que la société humaine. Car c'est bien ainsi, dans la pratique, que sont prises les vraies décisions, même si les choses se sont toujours passées dans une relative absence d'organisation. Le mot circule de bouche à oreille ; on réfléchit à la manière dont tel ou tel envisage les choses ; on lit les poètes ; on médite sur la littérature ; on joue de la musique ; on change d'avis ; on finit par s'entendre. C'est ainsi qu'évolue la société, et non par l'intimidation, les hurlements et les invectives. Tout repose, en définitive, sur la capacité unique que manifestent les êtres humains de se comprendre mutuellement, dans le respect de ce que chaque individu a d'unique.

Un centre de brouillage dans le cerveau

Les grands maîtres de la linguistique se livrent les uns les autres d'incessantes querelles théoriques, comme il est normal. On comprend fort bien que des érudits qui consacrent leur vie à tenter d'expliquer le langage – c'est-à-dire tout simplement ce qui fait l'humanité – puissent se montrer impatients et irritables à l'égard les uns des autres. Habités de plus vastes soucis que l'ensemble de leurs confrères des autres disciplines scientifiques, ils semblent bien avoir aussi de plus fréquentes et plus âpres querelles.

Mais c'est que les linguistes, et en particulier les savants qui constituent la version moderne des philosophes d'autrefois, se heurtent à un problème technique fort ardu. Ils sont contraints d'utiliser comme unique instrument de recherche l'appareil même qu'ils se proposent d'étudier. En cela, ils sont particulièrement exposés aux dangers dont les physiciens se savent menacés depuis Heisenberg. Plus les linguistes se rapprochent du centre du problème, plus ils sont contraints de manipuler le mécanisme qu'ils soumettent à examen à l'aide de ce mécanisme lui-même. Il ne faut donc pas s'étonner qu'au moment suprême, quand tout semble à portée de la main, il se produise une espèce de déclic, de grand frisson qui noie tout le raisonnement dans le flou.

C'est ce que l'on voit clairement se produire dans un certain nombre d'ouvrages consacrés au langage, particulièrement quand ils n'ont pas été rédigés par des linguistes professionnels, dotés de toute la prudence nécessaire. Venus de l'extérieur pour tenter d'expliquer les choses au grand public, ces auteurs parviennent toujours, à un moment de leur ouvrage, à un point où leur prose devient férocement incompréhensible et se dissout dans l'absurdité et le non-sens. Cela n'intervient généralement qu'après un certain nombre de chapitres au cours desquels nous sont successivement présentés et expliqués les éléments de la logique linguistique et de la grammaire transformationnelle, les notions de « degré de complexité » des différentes langues, et les diverses techniques mathématiques dont on dispose pour l'analyse en profondeur de la phrase et de ses composantes. Ainsi armé d'un outillage conceptuel impressionnant, le non-linguiste se jette en avant tête baissée, sans se rendre compte qu'il pénètre dans l'inconnu et, qui sait, dans l'inconnaissable, disparaissant bientôt dans le brouillard aux yeux de ses lecteurs médusés.

A ce stade de la communication, je ne sais pas trop ce qui se passe réellement. J'aimerais croire que quelque chose se détraque du côté de celui qui transmet les informations et que ce sont bien des non-sens qui sont proposés au lecteur, mais je puis fort bien me tromper. Peut-être s'agit-il en fait de bonne vieille prose sans mystère, lumineuse, et que la panne se produit de mon côté à moi, le récepteur de l'information ; peut-être même que mon cerveau n'est pas équipé pour comprendre le langage qu'on lui tient.

Peut-être enfin que je modifie moi-même le message au fur et à mesure que je le reçois, sans me rendre compte de ce que je fais.

Il m'est déjà arrivé d'être plongé dans le même genre de perplexité inconfortable par des choses qui n'avaient rien à voir avec la linguistique. C'est ainsi qu'un de mes patients, charmant mathématicien, m'expliqua un jour le théorème de Goedel. Alors même que j'étais en train d'engranger les informations qu'il me donnait, hochant du chef en connaisseur devant l'élégance de la démonstration, j'entendis soudain un petit déclic comme il s'en produit quand on actionne une minuterie, et tout se mua en une bouillie absurde dans ma tête. J'ai connu des sensations très similaires en écoutant de la musique électronique ou, pis encore, en lisant certains essais de critique poétique. Ce n'est pas comme le vide qui se fait dans l'esprit lorsque l'on est incapable de fixer son attention pour suivre un raisonnement et que l'on se met soudain à rêvasser – pas du tout. J'ai au contraire l'impression d'une lucidité particulière, mon esprit se saisit avidement de chacune des phrases qu'on lui propose et puis, brusquement, l'interrupteur est actionné et tout se brouille pour se transformer en un code parfaitement indéchiffrable.

Ce qui m'amène à exposer ma théorie sur le cerveau, sur mon cerveau à moi, en tout cas. Je crois qu'il y existe quelque part, peut-être dans l'hémisphère droit, un centre qui remplit une fonction de brouillage similaire à celle de ces petits gadgets électroniques baptisés « brouilleurs d'écoute » et que les personnalités politiques branchent sur leur appareil téléphonique afin que leurs conversations confidentielles soient instantanément transformées en charabia pour tout espion éventuel.

Peut-être un certain secret est-il nécessaire quand on en vient au langage. On peut concevoir que la pleine compréhension consciente de ce que nous faisons quand nous parlons risquerait de nous rendre bègues, voire totalement muets. L'énoncé de la phrase la plus simple deviendrait un redoutable exploit intellectuel. Prenons les jolis vers de W. Stevens, par exemple : *The man replied, Things as they are, Are changed upon the blue guitar.* (L'homme répliqua, les choses telles qu'elles sont, ne sont plus ce qu'elles sont sur la guitare bleue) – pour prononcer une phrase pareille en contrôlant le fonctionnement de chaque muscle tout en gardant un œil fixé sur la syntaxe, en se préservant des catastrophes sémantiques que risquerait d'entraîner le plus infime changement de l'ordre des mots, en « mettant le ton » et en adoptant l'expression faciale appropriée, et tout cela en se souciant par-dessus tout de ne pas prononcer une phrase dénuée de sens, on comprend très bien qu'on éprouverait plus de difficulté encore qu'à respirer si cette fonction incombait à jamais à l'esprit conscient, inspiration après inspiration.

Un centre de brouillage dans le cerveau serait donc un gadget protecteur fort utile pour le délicat mécanisme du langage que toute intrusion intempestive risquerait de dérégler irrémédiablement. L'esprit serait ainsi protégé contre des informations dont il n'a nulle intention de se mêler jamais.

On pourrait croire que la présence d'un tel centre suppose celle d'un centre homologue, chargé du décryptage de l'information ainsi brouillée. Mais j'en doute. Je suis prêt à reconnaître que le cerveau n'est guère enclin à s'encombrer ainsi de charabia inutile et parfaitement incompréhensible, mais j'imagine plus volontiers que les informations dangereuses, comme la véritable nature du langage, une fois qu'elles ont été ainsi brouillées, servent sous une tout autre forme après avoir été réassemblées, dans diverses expériences agréables comme les bavardages sans conséquence, la musique ou le sommeil. Les plus rapides d'entre nous sont capables d'entr'apercevoir certaines de ces idées juste avant qu'elles ne disparaissent dans le centre de brouillage. C'est ainsi que sont composées des œuvres comme le beau poème de Stevens. Mais, pour la plupart d'entre nous, toute l'opération est entièrement automatique et échappe à notre conscience. Je suis persuadé que c'est infiniment préférable.

Quelques notes sur la ponctuation

En anglais, il n'existe pas de règles précises de ponctuation (le grand grammairien Fowler se contente de donner quelques conseils d'ordre général (non sans mal étant donné la complexité de la prose anglaise (il fait remarquer, par exemple, que nous ne possédons que quatre pauses (la virgule, le point-virgule, les deux points et le point (les points d'interrogation et d'exclamation ne constituent pas, à strictement parler, des pauses ; ce sont des signes d'intonation (curieusement, les Grecs utilisaient le point-virgule comme signe de l'interrogation (on en retire une sensation étrange à la lecture d'une phrase grecque purement interrogative : pourquoi pleures-tu ; (et non pourquoi pleures-tu ? (sans oublier, bien sûr, les parenthèses (qui constituent certainement une espèce de ponctuation et compliquent encore les choses en contraignant à tenir le compte des parenthèses ouvertes afin d'être assuré d'en refermer le nombre exact (mais si les parenthèses étaient écartées, nous laissant seulement les diverses pauses, nous jouirions d'une souplesse bien plus grande dans la disposition des diverses couches de sens que si nous tentions de séparer les clauses par des barrières physiques (et, dans ce dernier cas, gagnant certes en précision et en exactitude, nous perdrions la saveur essentielle du langage, qui est sa merveilleuse ambiguïté).

Les virgules sont les plus utiles et les plus utilisables de toutes les pauses. Il est particulièrement important de les mettre en place au fur et à mesure de la rédaction. Si l'on tente au contraire de revenir sur un paragraphe déjà rédigé pour les insérer dans les différents points où l'on est tenté de le faire, on découvre qu'elles tendent à se multiplier comme une foule de têtards dans une multitude d'infimes crevasses qu'on n'avait pas aperçues d'abord et que la phrase tout entière est bientôt affligée de virgules qui la paralysent et entre lesquelles elle se tortille sur toute sa longueur. Mieux vaut, donc, en user avec parcimonie, avec affection et à bon escient, afin de les distribuer, précisément, là où le besoin s'en fait sentir, chaque fois qu'il se fait sentir.

J'ai appris à aimer les points-virgules depuis quelques années. Le point-virgule vous avertit que tout n'a pas été réglé dans la phrase précédente ; quelque chose reste en suspens ; on songe parfois à l'usage grec. Il est presque toujours plus agréable de rencontrer un point-virgule qu'un point. Le point vous annonce que c'est comme ça et pas autrement ; si vous restez sur votre faim, si vous n'en avez pas pour votre argent, tant pis pour vous ; vous avez eu tout ce que l'auteur comptait donner, il ne vous reste plus qu'à passer votre chemin. Alors qu'un point-virgule vous met immédiatement dans l'expectative ; vous n'avez pas encore tout vu ; attendez la suite ; tout va s'éclairer.

Les deux points sont beaucoup moins séduisants pour des tas de raisons : premièrement, ils vous donnent l'impression d'être mené à la baguette ou, à tout le moins, de vous trouver dirigé de force et contraint de regarder dans une direction à laquelle n'inclinait pas forcément votre fantaisie ; deuxièmement, ils suggèrent d'emblée que commence une de ces longues phrases découpées en tranches numérotées : d'abord, deuxièmement, et ainsi de suite, qui semblent toujours impliquer que le lecteur n'a pas assez de bon sens pour suivre le déroulement d'une pensée sans qu'on lui mâche la besogne en tenant pour lui le compte des idées exposées. Ajoutons que nombre d'écrivains utilisent ce système sans aucune rigueur, commencent par un primo et un secundo comme s'ils comptaient sur leurs doigts, puis se lancent dans d'interminables développements sans annoncer les chiffres qu'ils vous avaient ainsi mis en droit d'attendre et désorientent complètement le lecteur qui s'essouffle à chercher le neuvièmement et le dix-septièmement qui devraient être là mais n'y sont pas.

Les points d'exclamation sont les plus irritants de tous les signes de ponctuation. Regardez ! disent-ils, regardez-moi un peu ce que je viens d'écrire ! Ce que ma pensée peut être étonnante ! On a l'impression que des parents insupportables vous obligent à baver d'admiration devant les exploits de leur exécrable bambin qui fait des cabrioles au milieu du salon en braillant pour attirer l'attention. Quand une phrase est réellement importante, si elle a vraiment quelque chose à dire, inutile de le souligner d'un quelconque point d'exclamation ! Et s'il ne s'agit, en fin de compte, que d'une phrase platement banale qu'on cherche à épicer, le point d'exclamation ne fera qu'en souligner la banalité !

Les guillemets exigent un emploi honnête et parcimonieux. Ils ne doivent encadrer que les citations authentiques, quand il est nécessaire de faire preuve d'une rigueur et d'une exactitude absolues. Dans une citation, on n'utilisera que les mots *exacts* de l'auteur cité. Quand on désire opérer une suppression, la courtoisie veut qu'on la signale par des points de suspension ; et encore, en prenant bien garde à ne pas télescoper ainsi deux pensées que l'auteur ne souhaitait pas lier l'une à l'autre. Mais, plus important que tout, on ne devrait *jamais* avoir recours aux guillemets pour encadrer une idée dont on refuse la paternité, une idée qui est dans l'air, pour ainsi dire. De même qu'ils n'ont pas leur place de part et d'autre d'un cliché. Si vous désirez utiliser un cliché, libre à vous, mais vous devez en assumer la responsabilité, sans vous décharger sur un anonyme ou sur la société tout entière. C'est dans la publicité qu'on trouve le plus d'exemples d'un emploi fautif et très contestable des guillemets. « Chez Dumont, tout est bon. » « Chez Damien, on revient. » Nul auteur identifiable n'a jamais prononcé et moins encore écrit pour la postérité des slogans comme chez Dumont ou chez Damien. Il n'est que de goûter ce que l'on sert dans ce genre d'établissement pour s'en convaincre.

Le tiret est bien pratique. C'est un moyen décontracté, et presque joueur de vous faire savoir que vous êtes sur le point de vous engager sur une piste différente mais non sans rapport avec celle que vous suiviez jusqu'alors – il reste à se rappeler que le tiret a été mis en place et qu'il faut donc terminer par un second tiret, pour avertir le lecteur qu'il est de retour sur la route principale, à moins de préférer, comme je le fais ici, terminer sur un point.

C'est en poésie que la ponctuation est la plus dangereuse. Virgules et points doivent y être utilisés avec la plus extrême parcimonie, avec la même économie de moyens que les mots eux-mêmes. Quant aux signes qui semblent chargés d'une signification subtile, tirets, points de suspensions, voire points-virgules et points d'interrogation, mieux vaudrait ne pas les utiliser du tout que d'en parsemer trop généreusement le texte, au risque d'y ajouter des ambiguïtés dommageables. Un seul point d'exclamation mal venu suffit à détruire un poème entier, quelle que soit sa qualité générale.

Ce que je préfère dans la poésie de T. S. Eliot et, en particulier, dans les *Quatre Quatuors*, ce sont les points-virgules. Inaudibles, ils n'en sont pas moins là, établissant les correspondances entre images et idées. A l'occasion, on aperçoit du coin de l'œil un point-virgule qui s'annonce, quelques lignes plus bas, et c'est comme d'apercevoir un banc de bois au détour d'un raidillon de montagne, un endroit où l'on sait d'avance que l'on pourra s'asseoir quelques instants pour reprendre haleine.

Les virgules ne rendent pas ce genre de service ; elles peuvent seulement nous dire comment s'imbriquent les unes dans les autres les parties d'une pensée compliquée, mais on ne s'assied pas sur une virgule, même le temps de reprendre haleine.

Le chef-d'œuvre du diacre

Ce sont toujours mes prévisions les plus radieuses et les plus optimistes concernant l'avenir de la santé humaine qui semblent susciter chez certains de mes auditeurs les plus distingués un mélange d'hostilité et d'effarement. Chaque fois, j'ai l'impression d'avoir médit de l'avenir. Et pourtant, tout ce que j'affirme, en me fondant à la fois sur mon intime conviction et sur les données encore éparses mais déjà irrécusables que nous fournit la science biomédicale des cent dernières années, c'est que l'espèce humaine sera un jour capable de se débarrasser de la liste d'ailleurs finie des principales maladies qui sont encore de nos jours causes de tant de morts prématurées, de tant d'invalidités et de souffrances prolongées. Bref, j'affirme que nous serons un jour une espèce libérée de toutes les maladies.

En dehors de la nature précise de la conscience humaine (qui nous échappera encore longtemps, et peut-être toujours), je ne vois nulle limite à la compréhension que nous pourrons un jour avoir des êtres vivants. Peut-être nous faudra-t-il encore quelques siècles, peut-être plus, mais, quand nous y serons parvenus, nous posséderons forcément, par le fait même, l'explication détaillée de l'ensemble des mécanismes des maladies de l'homme. Forts de cette connaissance, c'est pour moi un article de foi que nous serons alors en mesure de traiter, d'éviter ou de prévenir la totalité des maladies.

Ceci s'est déjà à peu près produit dans le cas de la plupart des grandes infections. Alors que la biologie, comparée à la physique, par exemple, n'en est qu'à ses premiers balbutiements, nos acquis scientifiques fondamentaux nous ont déjà permis de mettre au point des sérums antimicrobiens spécifiques et un nombre impressionnant de vaccins d'une sûreté, d'une inocuité et d'une efficacité remarquables pour lutter contre les affections virales. Moins de cinquante ans après la découverte des premières bactéries pathogènes, nous les avons classifiées et nous avons appris l'essentiel de leurs métabolismes complexes, ouvrant ainsi la voie à la découverte des antibiotiques. A la fin des années 1940, la première grande révolution technique de la longue histoire de la médecine nous a permis de vaincre les maladies infectieuses qui décimaient des familles entières et qui, aujourd'hui, sont presque oubliées.

La chance fut peut-être pour quelque chose dans la rapidité de ces progrès. Il est d'autres affections – maladies cardio-vasculaires, cancer, congestions cérébrales, démence sénile, diabète, schizophrénie, emphysème, hypertension, arthrite, parasitoses tropicales, etc. – qui nous donneront peut-être plus de fil à retordre, mais cela n'est pas prouvé. Le rythme de la recherche s'est tellement accéléré, au cours des deux décennies écoulées, et tant de jeunes cerveaux remarquables ont été recrutés pour la biologie, que nous pourrions bien avoir d'heureuses surprises à tout moment. De toute manière, tôt ou tard, on peut être assuré que ces maladies perdront leur caractère mystérieux ; nous les comprendrons et nous serons en mesure de les maîtriser.

Je n'y vois que des raisons de se réjouir et de s'enthousiasmer, et j'avoue que j'ai du mal à supporter les douloureux regards de reproche muet que ce genre de remarques suscitent en général chez nombre de mes interlocuteurs. A croire qu'on leur prédit d'épouvantables catastrophes.

Ce qui les gêne, c'est la question qu'ils ne manquent jamais de poser : « Et puis après ? » La croyance générale est que nous avons besoin de nos maladies – qu'elles font partie intégrante de l'humaine condition. Ce serait aller contre la nature que de se livrer à des manipulations du genre de celles que je propose, qui permettraient de les éliminer une fois pour toutes. De quoi diable mourrions-nous ? Deviendrions-nous, par hasard, éternels, libérés du souci des maladies, l'esprit vide, occupé seulement à regarder filer les jours, les mois et les années ? Quel mauvais tour s'apprêtent donc à nous jouer les biologistes ? Comment faire une fin honnête, comment mourir honorablement, sans le secours d'une maladie ?

Cette dernière question est la plus ardue de toutes. Presque trop pour que l'on puisse la regarder en face. En cela, elle est le genre de question dont il faut chercher la réponse dans la poésie. Il se trouve que je connais un poème qui y répond. C'est « Le chef-d'œuvre du diacre, ou la merveilleuse " carriole-à-cheval " » d'Oliver Wendell Holmes. A première vue, cette œuvre plus que médiocre du XIXe siècle raconte en vers de mirliton la fin d'un attelage bien construit. Mais, en filigrane, transparaît une image mythique de la mort, qui confère à l'œuvre la puissance de fascination qui explique qu'elle soit restée présente à notre esprit pendant plus d'un siècle.

Ce mythe s'adresse particulièrement à la conscience moderne. La sagesse traditionnelle tenait en effet le corps vivant pour un assemblage vulnérable et branlant, toujours sur le point de craquer, beaucoup trop compliqué pour rester entier très longtemps. De nos jours, au contraire, avec les connaissances acquises en biologie cellulaire et, plus particulièrement, dans le domaine des structures subcellulaires et macromoléculaires, quand on connaît la perfection des multiples mécanismes qui permettent de tirer de l'énergie solaire la satisfaction des besoins innombrables de toutes sortes de cellules, on ne peut qu'être impressionné par la vigueur, la puissance, la capacité de résistance et d'adaptation des êtres vivants. De ce point de vue, c'est que les choses puissent néanmoins tourner mal qui devient horriblement surprenant – qu'une avarie de telle ou telle composante puisse détruire l'ensemble de cet effarant système. La maladie apparaît alors comme une violation des lois naturelles, une épouvantable erreur. Il doit forcément exister une meilleure solution – une meilleure façon de mourir.

Dans cet esprit, la description quasi anatomique que Holmes nous donne de sa carriole peut passer pour une métaphore représentant l'organisme vivant – et même, en l'occurrence, la cellule :

Or, dans la constitution des carrioles, je vais
[vous dire, moi,
Il y a toujours, quelque part, *un point faible –*
Dans le moyeu, le bandage ou la jante, dans
[le ressort ou le limon,
Dans la ridelle, l'entrait, le plancher, la
[longrine,
Dans la vis, dans l'écrou ou dans la sou-
Il est tapi, tranquille... *[pente –*
Et voilà la raison, ça ne fait aucun doute,
Pourquoi la carriole ne s'use pas *mais* rompt.

Telle était bien la conception qu'on se faisait de la maladie au XIXe siècle, tel est ce qui nous gêne encore aujourd'hui. On suppose qu'il existe toujours, forcément, un point faible quelque part, prévu d'avance, en quelque sorte prédestiné. Si le système était dénué de ces défauts inhérents et localisés, comme la paille dans l'acier, il pourrait simplement s'user progressivement avec l'âge. Mais, vu l'existence de ces points faibles, il est condamné à se briser, se rompre avant l'âge, à moins que l'on ne soit capable de déceler le défaut pour y remédier à temps. Le Dr Holmes, armé de la science de son temps, croyait cela peu vraisemblable. En revanche, l'imagination de Holmes, le poète, lui permettait de concevoir une construction parfaite. Cette construction sera l'œuvre du diacre, personnage central, créateur olympien symbolisant la nature, incapable de commettre la moindre erreur. Ce que le diacre conçoit, c'est l'organisme parfait.

... ainsi faite qu'a n'puisse point casser...
... les points faib' renforcés d' manière à soutenir le choc;
Et, pour y arriver, j' vous dis qu'y a qu'une méthode,
Y a qu'à
Faire le point faib' aussi fort que les aut'.

Viennent alors les différents stades de la construction et de l'assemblage, qui tiennent du miracle et nous sont décrits dans un langage quasi biblique :

... le chêne le plus résistant,

Qui oncques ne ploie, ni plie, ni fend...
Du bois dont on fait meilleures lances fit faire
[les limons ;

De frêne étaient les entraits, taillées au cœur
[des arbres les plus droits,

Les ridelles de bois blanc, qui se coupe comme
[du beurre
Mais résiste mieux que le fer pour tel usage...

Cran, cale et marchepied, vis et boulon,
Ressort, essieu, bandage et tourillon,
Du meilleur acier fit, brillant et bleu ;
Soupente fit, épaisse et large, de bison ;
Comme caisson, toit, garde-boue, de vieux
[cuir rugueux...
Ainsi la conçut-il de bout en bout.
« Et voilà ! » dit le diacre, « Maintenant, a'
[tient debout ! »

C'était peu dire ! Car la carriole vécut sans encombre cent bonnes années sans démériter, chacune de ses composantes parfaites soutenue par toutes les autres qu'elle soutenait en retour. Née des rudes mains du diacre en 1755, l'année du tremblement de terre de Lisbonne, elle mourut le jour du centenaire de la catastrophe, heure pour heure, en 1855.

Cette mort fut plus merveilleuse encore que le reste. Jusqu'à la dernière minute, l'ultime tour de ses roues merveilleuses, elle fonctionna à la perfection. Elle avait pris de l'âge, bien sûr, et Holmes le reconnaît, mais rien que de fort convenable, respectable :

Elle avait doucement vieilli tout entière,
Mais en nul point plus qu'en autre.
Cela était impossible – car le diacre dans sa
[sagesse
Avait fait toute partie si semblable à toute
[autre
Que nulle ne risquait de partir la première.
Puis vint l'heure de la mort :
« ... les roues étaient aussi solides que les
[limons,
Le plancher aussi solide que les longrines,
Et les panneaux que le plancher...
Et l'axe arrière aussi solide que l'axe avant...
Cependant, dans son entier, *nul ne peut en*
[douter,
Il lui restait une heure à vivre, pas une minute
[de plus ! »
Quelle merveilleuse façon de mourir !
« Premier novembre mille huit cent
[cinquante-cinq !
Ce matin, le pasteur va prendre sa voiture.
Écartez-vous, les petits, hors du chemin !
Voici venir la carriole merveilleuse,
Traînée par la jument baie, maigre et ner-
[veuse.
" Hue ! " fit le pasteur. Et les voilà partis. »

Et vient la mort elle-même. Pas de larmes, pas de gémissements, pas de dernières paroles chuchotées. Pas de chagrin. Rien que l'accomplissement total, l'achèvement parfait. Qu'on en juge :

Brusquement, la jument se figea,
En vue de la mairie, sur la colline.
D'abord un frisson, puis un tremblement.
Puis quelque chose qui se répand –
Voilà notre pasteur assis par terre,
A neuf heures trente, disait l'horloge de la
[mairie...

Et voici le spectacle final :

Que croyez-vous que le pasteur découvrit,
Quand il se releva pour regarder derrière lui ?
La pauvre carriole n'était plus qu'un petit tas
[bien fin
Comme si on l'avait moulue au moulin !
... elle avait volé en miettes tout entière et
[d'un seul coup –
D'un seul coup d'un seul –
Comme crève une bulle de savon.

Mon vers préféré est celui qui suggère que le vieillissement est un processus parfaitement ordonné, une espèce de dessèchement progressif et sans heurt, qui se termine par le plus naturel des événements : « Comme si on l'avait moulue au moulin ! »

La métaphore est belle, et c'est bien ce qui se produit quand meurt une vieille créature en parfaite santé, vieillard comme vieille éphémère. Sans l'intervention d'aucune force maligne de l'extérieur, ni d'aucun défaut intérieur. La mort elle-même est inscrite dans le système et peut se produire « d'un seul coup d'un seul » comme un mécanisme à retardement, génétiquement programmé, à la fin de la période de vie normalement allouée. La puissance centralisatrice se dissout, les forces de cohésion qui maintenaient tout l'assemblage des cellules sont rompues, les cellules cessent de se reconnaître les unes les autres, elles n'échangent plus de signaux chimiques, la thrombose obstrue tous les vaisseaux qui éclatent, les bactéries accèdent librement à tous les tissus qui leur étaient interdits, les organites cellulaires se désagrègent ; rien ne tient plus, ce sont des millions de bulles qui crèvent toutes en même temps.

Quelle merveilleuse façon de mourir !

Un bref rappel historique sur l'aspect financier de la carrière médicale

J'avais oublié comment les choses se passaient au bon vieux temps de la médecine. J'avais oublié, surtout, à quel point elles étaient différentes. Je sais bien sûr que la science et la technique médicales ont progressé à pas de géant et que les médecins sont aujourd'hui capables de guérisons qui auraient dépassé mon imagination de jeune homme. Mais il existe une autre différence, et c'est celle-là que j'avais oubliée.

Je m'en suis aperçu l'autre jour, en feuilletant l'album souvenir de ma promotion à la faculté de médecine de Harvard, en 1937. C'est Albert Coons qui en avait dirigé la publication. En dehors des portraits traditionnels des pontes de la faculté, l'album contient une photo d'identité de chacun des membres de ma promotion, accompagnée d'une brève notice biographique, comprenant les projets de carrière que formait chacun des diplômés. Coons qui a consacré sa vie à la recherche immunologique, et qui fit ses débuts en concevant une technique de marquage des anticorps à l'aide de colorants fluorescents, technique qui porte son nom, annonçait quant à lui son intention de s'installer comme généraliste dans l'Est. A vrai dire, ceux de mes camarades de promotion qui ont fait carrière dans la recherche et l'enseignement déclaraient pratiquement tous qu'ils comptaient exercer la médecine.

Mais je digresse. Mon propos était de dire que Coons avait eu l'idée de se montrer un peu plus ambitieux que ne le sont en général les rédacteurs en chef de ce genre d'album souvenir, et avait conçu un long questionnaire qu'il avait adressé aux anciens élèves qui avaient reçu leur diplôme dix, vingt et trente ans avant nous-mêmes. Je me souviens des discussions entre nous autour de ces questionnaires et, en particulier, du sentiment que nous avions tous de sonder de véritables ancêtres. Les membres des promotions 1927 et 1917 nous apparaissaient comme des figures d'un passé lointain ; quant à ceux de 1907, pour nous, c'étaient des contemporains de Galien !

A la surprise générale, 60 % des 265 anciens élèves retournèrent le questionnaire dûment rempli. Pour des sociologues amateurs, le résultat était joli.

Les réponses les plus intéressantes, qui furent consignées en détail dans l'album, concernaient les revenus nets des anciens élèves qui étaient, selon les critères de l'époque, nettement supérieurs aux revenus moyens donnés par l'Association américaine des Médecins pour l'ensemble de la profession. C'était rassurant pour ma promotion. Nous savions en effet que, s'ils sont logés et nourris, les internes ne gagnent pratiquement pas un sou*. Et nous étions heureux d'apprendre que les anciens de Harvard s'en tiraient mieux que les autres, financièrement, une fois terminé l'internat. Certes, nous nous empressâmes d'ajouter *in petto* que ce n'était pas l'argent qui comptait et que l'on pouvait honnêtement supposer que, s'ils gagnaient beaucoup plus que les autres, c'étaient qu'ils étaient meilleurs médecins.

Mais j'en viens à cette différence surprenante dont j'ai parlé au début. Le revenu net moyen des anciens élèves de Harvard variait de 5 à 10 000 dollars par an. Parmi ceux qui avaient quitté la faculté depuis dix ans, 43 % gagnaient moins de 5 000 dollars. Cinq médecins seulement gagnaient plus de 20 000 dollars, et un seul, un chirurgien de la promotion 1917, en gagnait 50 000. Sept diplômés de la promotion 1927 avaient des revenus inférieurs à 2 500 dollars par an.

Les anciens élèves avaient été invités à faire connaître leurs commentaires éventuels dans une annexe au questionnaire intitulée « Remarques ». Nous pensions leur avoir posé tant de questions concernant l'aspect financier de leur vie qu'ils pourraient désirer dire

* Aux États-Unis, l'internat commence *après* les études médicales (N.d.T.).

quelque chose d'autre. Mais, pour finir, la plupart de leurs « remarques » portèrent elles aussi sur l'argent. On peut citer le commentaire suivant comme particulièrement caractéristique de la teneur générale de leurs déclarations : « Je suis fort satisfait de consacrer ma vie à la profession médicale. J'aimerais toutefois préciser qu'elle me paraît convenir surtout à ceux qui disposent d'une confortable fortune personnelle. Car la médecine ne rapporte pas grand-chose. »

Eh oui ! ainsi en allait-il, voici quarante et un ans.

Pourquoi on ne s'ennuie pas avec Montaigne

Quand le week-end s'annonce mal, qu'il n'y a rien de nouveau à lire dans la maison, qu'il pleut et que nulle pensée, nul projet d'article n'occupe votre esprit, quand l'après-midi menace de s'étirer interminablement, morne et vide, rien de tel que Montaigne pour vous faire voir la vie sous un meilleur jour.

Il aimait se gratter les oreilles ? C'était, selon lui, « un moyen aisé de se donner du plaisir, puisqu'on le tire de soi-même ».

Plein de scepticisme à l'encontre des miracles qui étaient peu ou prou les faits divers de son temps, il écrit : « Je n'ai vu monstre et miracle au monde plus exprès que moi-même... plus je me hante et me connais, plus ma difformité m'étonne, moins je m'entends en moi. »

Je discerne dans le fait que Montaigne n'a jamais cessé d'être édité et réédité l'un des aspects encourageants de notre civilisation. Même au cours des dix années qui suivirent sa mort, alors qu'il n'était pas en odeur de sainteté après avoir refusé de trancher entre les deux factions religieuses qui se disputaient le pouvoir, il y eut quatre éditions successives des *Essais*, déjà traduits en anglais et en espagnol. Depuis lors, il a été traduit dans toutes les langues de la terre, et des générations d'universitaires ont bâti de flatteuses carrières sur ses trois livres.

J'ai longtemps dû me satisfaire de ahaner à travers le langage désuet de la traduction Florio, jugeant que j'étais toujours amplement récompensé de mes peines, jusqu'au jour où Donald Frame a offert au public américain une version rédigée dans notre anglais à nous. Je puis dire que je n'ai plus jamais cessé de la lire. Je pris l'habitude de corner le haut des pages quand j'y trouvais quelque chose de remarquable, à quoi je souhaiterais certainement revenir par la suite. Ma mémoire n'est pas très brillante et m'oblige à faire ce genre de chose. Voilà huit ans, à peu près, que je me livre à ce petit jeu, et c'est près de la moitié des pages qui sont maintenant cornées, de telle sorte que le bouquin semble deux fois plus épais et que j'ai découvert un intérêt nouveau pour Montaigne : que peuvent bien contenir de remarquable les pages que je n'ai pas cornées et dont le contenu m'a probablement échappé ?

Dès la première page, Montaigne s'annonce fermement résolu à tout nous dire sur lui-même, absolument tout, et il se tient à ce projet tout au long de ses *Essais*. En bonne logique, le résultat devrait être d'un ennui prodigieux. Comment se fait-il donc qu'aucune des 876 pages que compte l'édition Frame n'apporte jamais le plus léger sentiment d'ennui? Pas même l'interminable « Apologie de Raymond Sebond » que j'avoue avoir soigneusement « sautée » pendant des années, persuadé qu'il ne pouvait s'agir que d'un exercice terne et dépourvu de tout intérêt. Je savais qu'il avait traduit, pour faire plaisir à son père, un traité de théologie de Sebond, et que l'apologie contenait les réflexions que lui avait inspirées cette tâche fastidieuse. Quand je ne contournais pas prudemment ce morceau redoutable, je me contentais donc de le feuilleter à toute vitesse, sans jamais corner aucune page. Et voilà qu'un jour je m'y suis mis – et je n'en suis jamais revenu! Raymond Sebond est manifestement le cadet des soucis de Montaigne. Après lui avoir rendu un hommage de pure forme, ainsi qu'à son propre père, dans les tout premiers paragraphes, et après avoir expédié l'homélie de rigueur sur la nécessité de la raison comme instrument de recherche de la vérité, Montaigne donne libre cours à sa fantaisie et écrit ce que bon lui semble. Avant tout, il veut établir que la raison n'appartient pas à la seule espèce humaine qu'elle distinguerait ainsi du reste de la nature. Les abeilles nous sont supérieures pour l'organisation sociale. Les éléphants se soucient plus que nous du bien-être de leurs congénères et font preuve d'une impressionnante capacité de réflexion ; ils savent combler avec de la terre et des branchages les pièges creusés par l'homme pour en faire sortir l'éléphant qui y est tombé. Montaigne n'est même pas persuadé que le langage soit beaucoup plus compliqué ou plus subtil que les échanges de gestes ou d'odeurs dont les animaux se servent pour communiquer. Puisant la plupart de ses exemples dans la littérature classique, grecque et latine, il dresse une longue liste d'animaux, pies, chacals, renards, oiseaux chanteurs, chevaux, chiens, bœufs, tortues, poissons, lions, que sais-je encore, pour montrer par des anecdotes à quel point ils sont raisonnables et sympathiques, concluant que force est de reconnaître « en la plupart de leurs ouvrages combien les animaux ont d'excellence au-dessus de nous et combien notre art est faible à les imiter ». C'est un régal.

Si Montaigne se veut notre ami dès les toutes premières pages, il devient effectivement notre meilleur ami et le plus intime au fur et à mesure des *Essais*. Certes, il ne parle que de lui-même, tout au long, mais c'est de nous tous qu'il parle et le lecteur s'en aperçoit. Et puis, ce n'est pas un poseur, jamais il ne fait l'avantageux. Il se considère avec sympathie, c'est vrai, mais jamais avec ce débordement de complaisance qui rend les raseurs si redoutables. Il n'est pas mécontent de son intelligence et s'amuse gentiment de tout ce qu'il a dans la tête.

Moraliste il est, comme tous les grands

moralistes, un modèle d'humour. Je ne puis imaginer un lecteur qui, prenant la peine de lire attentivement Montaigne pour bien comprendre ce qu'il a à dire, ne sourirait pas la plupart du temps.

C'est comme une conversation parfaitement détendue avec un très vieil ami. Les longs silences sont permis, voire recommandés. A chaque page, le texte est interrompu par des citations classiques, comme le voulait la coutume du temps, mais il ne s'agit le plus souvent que d'occasions de repos, ne nécessitant guère d'attention.

Il est loisible de se promener à travers les *Essais* d'un œil distrait, comme on laisse ses regards errer sur une belle pelouse, devant la maison, en attendant que surgisse quelque chose d'intéressant. Et puis, au détour d'une page, « Au fait! », nous dit l'auteur. On se redresse dans son fauteuil, et il entreprend de nous expliquer à quoi ressemble l'humaine condition.

Montaigne a voulu consacrer sa vie à se jauger soi-même, à découvrir ce qu'il valait. Jamais il ne fut entiché de lui-même. Il s'observait mais l'autosatisfaction n'était pas son fort. Quand il a lieu d'être satisfait, il explique pourquoi, et son attitude dominante est plutôt une espèce de perplexité bon enfant, doublée de la ferme résolution de s'accommoder de l'homme qui est en lui. Pour Montaigne, ce que la nature offre comme objet d'observation le plus pratique, c'est

Montaigne. S'il s'étudie soi-même, ce n'est pas le résultat d'une quelconque prédilection égoïste, c'est qu'il n'a rien trouvé de plus proche, donc de plus facile à connaître !

Sa propre inconstance le fascinait et il en vint à croire que le manque d'esprit de suite était l'une des principales caractéristiques biologiques de l'être humain. « Nous sommes tous de lopin, et d'une contexture si informe et diverse, que chaque pièce, chaque moment, fait son jeu. Et se trouve autant de différence de nous à nous-même, que de nous à autrui. »

Heureux temps où il n'existait pas de psychiatres ! Y en eût-il eu que Montaigne les aurait mis en garde : « Il m'a semblé souvent que les bons auteurs mêmes ont tort de s'opiniâtrer à former de nous une constante et solide contexture. Ils choisissent un air universel, et, suivant cette image, vont rangeant et interprétant toutes les actions d'un personnage, et, s'ils ne les peuvent assez tordre, les vont renvoyant à la dissimulation... Je crois des hommes plus mal aisément la constance, que toute autre chose, et rien plus aisément que l'inconstance. » Le problème est trop compliqué pour être analysé. Il concède qu'il faut « sonder jusqu'au dedans, et voir par quel ressort se donne le branle », mais, attention ! « ... d'autant que c'est une haute et hasardeuse entreprise, je voudrais que moins de gens s'en mêlassent ». Et voilà quatre cents ans que cela fut écrit !

Il désespère de trouver un sens quelconque

à son être. Il écrit : « Toutes les contrariétés s'y trouvent selon quelque tour et en quelque façon. Honteux, insolent ; chaste, luxurieux ; bavard, taciturne ; laborieux, délicat ; ingénieux, hébété ; chagrin, débonnaire ; menteur, véritable ; savant, ignorant, et libéral et avare, et prodigue, tout cela, je le vois en moi aucunement, selon que je me vire ; (...) Je n'ai rien à dire de moi, entièrement, simplement, et solidement, sans confusion et sans mélange, ni en un mot. »

Ayant découvert et affronté tout cela, il n'en est nullement troublé. Il accepte les limites et les infirmités, les siennes et celles de l'humanité, avec équanimité, pour ne pas dire avec enthousiasme. « Il n'est rien si beau et légitime que de faire bien l'homme et dûment, ni science si ardue que de bien et naturellement savoir vivre en cette vie ; et de nos maladies, la plus sauvage c'est mépriser notre être (...) Pour moi donc, j'aime la vie et la cultive telle qu'il a plu à Dieu nous l'octroyer. »

Et ainsi, de page en page, Montaigne nous livre toutes ses pensées, sans jamais se laisser contraindre par une quelconque prétention à la cohérence. C'est, nous dit-il, que « la plus grande chose du monde, c'est de savoir être à soi ». Et pourtant, contrairement à ses propres prévisions, son œuvre nous frappe encore aujourd'hui par son unité, son originalité, sa solidité de roc. Il est, nous dit-il à chaque détour des *Essais*, un homme ordinaire. A chaque page, il se plaît à en persuader son lecteur. Et l'on est parfaitement contraint de le croire ; avant tout, c'est un homme honnête, franc et sincère. Et c'est bien là que réside le merveilleux : si Montaigne est un homme ordinaire, alors quel chef-d'œuvre qu'un homme ordinaire ! Quel encouragement ! Tous les espoirs sont permis !

De la pensée sur la pensée

A tout moment, au cours de la veille, la tête de l'homme est pleine de molécules de pensée que je baptiserais notions. L'esprit est fait de denses nuages de ces structures, qui vont et viennent au hasard, se heurtent et rebondissent les unes contre les autres, laissant des traces fort semblables à celles du mouvement brownien. Qu'on imagine de petites sphères sans grand caractère à l'exception de minuscules saillies qui leur permettent de s'adapter, puis de se verrouiller en place, sur d'autres particules dotées de récepteurs similaires. La plupart du temps, cette activité incessante ne produit aucun résultat. La probabilité pour qu'une notion en rencontre une autre qui lui corresponde et s'accouple avec elle est extrêmement faible au départ.

Mais, quand l'esprit s'échauffe, le mouvement s'accélère, les rencontres se multiplient, la probabilité s'élève d'autant.

Les récepteurs sont ramifiés et complexes et de configuration très variée. Pour qu'une notion corresponde à une autre, il n'est pas nécessaire que leur structure interne soit la même ; le signal extérieur compte seul. Mais, dès que deux notions se sont accouplées, elles forment une petite mémoire. Leur mouvement change. Désormais, au lieu d'aller et venir au hasard, elles parcourent les couloirs de l'esprit en ligne droite, cherchant inlassablement d'autres paires. Rencontres et unions se poursuivent. Des paires s'accouplent à d'autres paires, des agrégats se forment. Ces derniers ont toute l'apparence d'organismes vivants, dotés d'un projet. Ils cherchent sans relâche de nouvelles occasions d'accouplement, humant les traces éventuelles de récepteurs correspondant aux leurs, tournant et retournant les choses, attrapant tout ce qui passe à leur portée. Au fur et à mesure que leurs dimensions augmentent, ils essaient de plus en plus de choses, même celles qui ne leur correspondent que vaguement, et s'arrangent pour les accrocher à leur surface, là où il reste encore de la place. On croirait ces créatures marines dont tout le corps est couvert d'autres créatures vivant en symbiose avec elles.

A ce stade du développement, chaque agrégat de notions distinctes mais conjointes, partagé entre le souvenir et la recherche de nouveaux éléments, se place sur une orbite propre et entame une lente rotation elliptique autour du centre fixe de l'esprit : c'est devenu une idée.

Il arrive que la densité d'un agrégat de

particules soit telle que, sous l'effet d'une espèce de gravitation, elle attire à elle tout le contenu de l'esprit. Le centre lâche bientôt prise, tout se déforme et se distend, l'ensemble des autres agrégats, quittant leur orbite propre, se mettent à graviter autour de cette nouvelle masse ultra-dense et rien ne peut plus échapper à son attraction. Elle est devenue un trou noir, l'esprit disparaît – c'est le sommeil.

Tel n'est pas cependant le déroulement le plus normal des événements. Dans des conditions idéales, lorsque toutes les structures qui gravitent sur orbite sont en équilibre, il y a harmonie. Des notions nouvelles, formées sous l'impulsion des signaux reçus de l'extérieur, dérivent dans l'atmosphère. Elles se rencontrent, s'accouplent, formant de nouvelles paires qui s'accouplent à leur tour, recommencent, et ainsi de suite. Quand tout fonctionne bien, ces nouveaux agrégats sont attirés à la surface des plus gros qui sont déjà sur orbite. Quand la force d'attraction de ces derniers n'est pas suffisante pour que les notions nouvelles se fixent solidement à leur surface, elles entrent à leur tour en orbite autour d'eux. On ne peut encore parler de pensée, mais on est au stade ultime avant la formation de la pensée.

Quand un grand nombre d'agrégats sont simultanément sur orbite organisés en membranes scintillantes, fort proches les unes des autres, le tri et la sélection s'effectuent selon les mouvements d'une espèce de danse minutieusement réglée. Les notions nouvelles passent d'une ellipse à l'autre, entrent en collision avec des surfaces qui ne leur conviennent pas, rebondissent et sont alors attirées ou maintenues en place par d'autres masses plus lointaines.

Puis le mouvement de toutes les structures, grandes et petites, adopte une organisation ordonnée, un rythme éternellement répétitif analogue à celui qui anime les Concertos brandebourgeois. Les agrégats lancent en direction les uns des autres des tentacules, des pseudopodes de pensée qui adhèrent aux surfaces qu'ils touchent. Parfois, rarement il est vrai, mais parfois, l'ensemble des particules est organisé en agrégat et l'ensemble des agrégats sont liés les uns aux autres. L'esprit est devenu une structure unique et unie, douée de motilité intentionnelle et directionnelle. La chasse reprend alors, la recherche de récepteurs adéquats, mais, cette fois, en direction de *l'extérieur*.

La musique contrapontique ne représente qu'un aspect de ce processus de combinaison, de séparation, de rappel et de recombinaison. Et la danse ne représente qu'un aspect du mouvement. Quand les couples de notions se précipitent à la rencontre de notions nouvelles, quand ces rencontres donnent de nouveaux agrégats, quand les agrégats existants se placent sur orbite, quand les agrégats les plus importants prennent leur essor pour s'arracher à leur orbite et passer dans un espace différent, et quand les particules isolées de pensée passent continuellement d'une orbite à l'autre, comme des électrons dansent perpétuellement au gré des charges et des masses, en un mouvement apparemment accidentel mais obéissant toujours à des lois – tout cela a bien l'apparence de la musique. Nulle autre expérience humaine n'en est plus proche.

Et c'est pourquoi je propose de retourner cette constatation. Au lieu d'utiliser ce que nous sommes en mesure d'entr'apercevoir de la nature de la pensée pour tenter d'expliquer celle de la musique, pourquoi ne pas faire l'inverse ? Partir de la musique pour voir ce qu'elle peut nous apprendre de la pensée. La musique représente la tentative par l'humanité de s'expliquer le fonctionnement du cerveau. Si l'audition de Bach nous transporte, c'est qu'elle est l'audition d'un esprit humain. *L'Art de la fugue* n'est pas un mode de pensée particulier, ce n'est pas une réflexion sur quelque chose de particulier. Les variations autour des lettres de son nom, la grande fugue inachevée sur quoi Bach termine l'œuvre, ne sont rien d'autre qu'une de ces notions fulgurantes qui traversent l'esprit. Et l'œuvre entière n'est pas une réflexion sur *quelque chose*, elle est *la réflexion pure*, elle est de la pensée sur la pensée. Si l'on désire faire l'expérience auditive de la totalité de l'esprit humain au travail, on n'a qu'à placer

La Passion selon saint Matthieu sur le tourne-disque et mettre le volume au maximum. On entend alors le son de la totalité du système nerveux central des êtres humains, d'un seul coup.

De l'embryologie

Vers le milieu de l'année 1978, l'ensemble de nos contemporains ébahis ont été invités à grand renfort de manchettes énormes à s'extasier sur le dernier des miracles de la médecine, la naissance, en Angleterre, d'un bébé conçu neuf mois plus tôt dans une éprouvette. Il est un autre miracle dont aucun d'entre nous ne devrait encore être revenu, c'est qu'un spermatozoïde unique et un œuf solitaire puissent fusionner pour devenir un être humain dans quelque condition que ce soit et qu'une simple grappe de cellules nées de cette cellule mère, implantée en n'importe quel point de la paroi utérine puisse se développer et se différencier jusqu'à donner un bébé de six livres. Ce miracle se déroule quotidiennement sous nos yeux depuis si longtemps que nous nous y sommes habitués ; d'où le concert d'acclamations éberluées qui a salué cette modification somme toute mineure de la procédure générale — pas grand-chose, à vrai dire, en dehors de la substitution, comme théâtre du tout début du processus, d'un récipient de plastique à la trompe de Fallope – mais aussi, faut-il peut-être ajouter, de l'exclusion du père de tout rôle qui puisse en quoi que ce soit ajouter légitimement à sa vanité.

Et, certes, on parle maintenant d'étendre le procédé technique au-delà de la conception elle-même, et l'on prédit déjà que la vie embryonnaire tout entière, les neuf mois du développement du fœtus, pourront se passer dans des récipients de plastique très perfectionnés. Si cela se produit effectivement un jour, ce sera une nouvelle occasion de surprise, un nouveau concert d'exclamations, une nouvelle floraison de manchettes gigantesques. Tous se plairont à dire la terreur délicieuse où les plonge le nouveau pouvoir de la science et de nouvelles sous-commissions sénatoriales se pencheront gravement sur la question des limites qu'il conviendra ou non de fixer à la recherche scientifique, d'où nouvelle floraison de manchettes gigantesques. Simultanément, ce que le processus entier a de proprement incroyable, qu'il se produise *in utero* ou *in* n'importe quel *vitro*, continuera probablement de passer aussi inaperçu qu'aujourd'hui.

Pourtant, si l'on veut s'ébahir, c'est bien le processus lui-même qui est ébahissant, lequel, à partir d'une unique cellule née de la fusion d'un spermatozoïde et d'un œuf et qui se divise en deux, puis en quatre, puis en huit, et ainsi de suite, finit par donner naissance, à un certain stade du développement, à une cellule unique dont toute la progéniture formera le cerveau humain. La seule existence de cette cellule-là devrait être l'un des grands sujets d'étonnement de la terre entière. Tout au long de la journée, les hommes devraient passer leurs heures de veille à s'interpeller, en proie à un émerveillement sans fin, ne parlant que d'une chose : cette prodigieuse cellule. C'est quelque chose d'absolument incroyable, et pourtant elle existe, elle surgit toujours à point nommé parmi l'enchevêtrement de cellules de chacun des milliards d'embryons humains, tout autour de la terre, comme si c'était la chose du monde la plus aisée.

Si vous aimez les surprises, ne cherchez pas ailleurs. Une cellule, une seule, est soudain activée pour devenir l'énorme appareil dont le trillion de cellules nous permet de penser, d'imaginer et, précisément, d'être étonné. Toute l'information nécessaire à l'apprentissage de la lecture et de l'écriture, ou du piano, ou de l'art de défendre une idée devant une sous-commission sénatoriale, ou de traverser une rue au milieu de la circulation, ou de ce merveilleux geste humain – tendre la main pour s'appuyer contre un arbre – est contenue dans cette première cellule. Toute la grammaire, et toute la syntaxe, et toute l'arithmétique, et toute la musique.

On ignore comment et par quel mécanisme elle est activée. Au tout début de la vie de l'embryon, quand ce dernier n'est encore qu'un agglomérat de quelques dizaines de cellules, toute cette information, et bien d'autres encore, sont latentes à l'intérieur de chacune des cellules de l'agglomérat. Quand la cellule qui finira par donner le cerveau fait son apparition, il se pourrait que la qualité spéciale qui en fera un cerveau y soit alors activée et, de latente, devienne réelle. Mais il se pourrait tout aussi bien que ce soient toutes les autres qualités qui soient désactivées, inhibées, de telle sorte que cette cellule, la plus hautement spécialisée de toutes, soit purement et simplement privée des potentialités qui permettaient à celles qui l'ont précédée de devenir foie, thyroïde ou poumon. Privée de choix, elle ne pourrait plus que devenir cerveau.

Personne n'a l'ombre d'une idée de la manière dont cela se passe. C'est la plus extraordinaire énigme de la vie. Si quelqu'un parvient à élucider ce mystère de mon vivant, j'affréterai un avion, voire toute une escadrille de ces appareils spécialement équipés pour écrire dans le ciel, et je leur enjoindrai d'y tracer de gigantesques points d'exclamation, les uns à côté des autres, que le ciel entier en soit couvert, jusqu'à mon dernier centime.

Leçons médicales de l'histoire

On a coutume de dire que la médecine moderne a vu le jour vers la fin des années 1930, avec l'entrée des sulfamides et de la pénicilline dans la pharmacopée. Ces événements, ajoute-t-on d'ordinaire, constituèrent une véritable révolution de la pratique médicale. Tel fut bien l'aspect que revêtirent les choses sur le moment. La médecine en fut bouleversée, voire, on peut le dire, « révolutionnée ». On découvrait une thérapeutique efficace pour un grand nombre de malades dont les maladies n'avaient encore jamais été traitées. Notre monde, tel que nous l'envisagions alors, changeait brusquement du tout au tout. Les médecins étaient désormais capables de *guérir* la maladie, et ils en furent les premiers étonnés.

L'importance de l'événement ne fait aucun doute. Pour la biologie appliquée, ce fut un triomphe. Mais, avec le recul, il est permis de douter que cela constituât réellement une révolution. Car la véritable révolution médicale, qui prépara l'entrée en scène des antibiotiques comme de toutes les thérapeutiques efficaces dont nous disposons aujourd'hui, s'était déjà produite cent ans avant la découverte de la pénicilline. Elle ne fut pas marquée par l'introduction de la science en médecine. Cette dernière intervint nettement plus tard. Comme bon nombre de révolutions, celle que j'ai à l'esprit commença par la destruction des vieux dogmes. On découvrit en effet, autour des années 1830, que la plus grande partie de la médecine était inepte.

L'histoire de la médecine n'a jamais été un sujet fort attrayant des études médicales. L'une des raisons de ce peu d'attrait tient sans doute à son caractère constamment lamentable. Siècle après siècle, tout au long des millénaires qui se sont écoulés depuis ses lointaines origines, la médecine s'en est toujours remise aux pures conjectures et à l'empirisme le plus grossier. Peu d'activités humaines auront présenté un caractère moins scientifique. Ce fut pratiquement tout et n'importe quoi que l'on utilisa pour traiter la maladie, selon la fantaisie des médecins, mais, une fois conçus, les traitements et remèdes les plus abracadabrants se survécurent pendant des dizaines, parfois des centaines d'années avant d'être abandonnés. Avec le recul, force est de reconnaître qu'aucune entreprise d'expérimentation sur l'homme ne fut plus frivole et irresponsable, procédant uniquement par tâtonnements, avec les résultats les plus négatifs. Saignées, purges, clystères, ventouses, infusions et décoctions de tous les simples imaginables, solutions de tous les métaux et métalloïdes connus, tout régime concevable – y compris le jeûne absolu –, tel fut, pendant des siècles, l'arsenal de la médecine, jusqu'à ce que le XIXe remette enfin en question ce lamentable héritage, fondé sur les plus folles élucubrations quant à la cause des maladies. Il est proprement stupéfiant que la profession médicale s'en soit relativement si bien tirée, pendant si longtemps, et en suscitant si peu de réactions scandalisées. Tout le monde ou presque semble s'y être laissé prendre. Il fallait être un sceptique né, comme Montaigne, pour voir que le roi était nu. Mais ses écrits, qui dénonçaient, quatre siècles avant Illich, les maladies causées par la médecine, eurent peu d'effet. L'immense majorité était convaincue des pouvoirs magiques de la médecine et s'accommodait de tous ses défauts.

Puis, vers le début du XIXe siècle, quelques-unes des grandes figures de la médecine prirent conscience de la totale inefficacité des traitements compliqués qui prévalaient alors. Quelques médecins courageux, aux États-Unis et en Europe, déclarèrent même que la plupart faisaient plus de mal que de bien. Simultanément, on découvrit, non sans surprise, que la durée de certaines maladies – non traitées – était limitée, que leur guérison était spontanée, qu'elles possédaient, en somme, une « histoire naturelle ». Il nous est difficile, aujourd'hui, d'imaginer le retentissement qu'eut alors cette découverte et ses conséquences sur la pratique médicale de l'époque. Depuis l'aube des temps, la médecine avait toujours respecté le principe qu'il convenait de traiter toutes les maladies qui, toutes, faute de traitement, pouvaient avoir une issue fatale. Dans un bref essai consacré à ce sujet en 1876, Edward Clarke, professeur à Harvard, passa en revue ce qu'il considérait comme les plus grandes réussites de la médecine au cours des cinquante ans écoulés et qui consistaient en études prouvant que des patients atteints de typhoïde et de typhus exanthématique pouvaient guérir seuls, sans le secours de la médecine, et se portaient souvent d'autant mieux qu'on ne leur administrait pas les simples étranges, les métaux lourds et les fomentations sèches ou humides qui avaient alors la faveur du corps médical. On observa pareillement que le delirium tremens, que l'on considérait depuis longtemps comme mortel dans tous les cas non soumis à une intervention médicale constante et particulièrement agressive, régressait mieux de lui-même chez des patients non traités, dont le taux de survie était supérieur à celui des malades soumis à traitement.

Progressivement, au cours des quelques dizaines d'années qui suivirent, le rituel thérapeutique de la médecine traditionnelle fut abandonné et remplacé par ce que l'on baptisa l'*art médical.* Avec le recul, on est en mesure de juger que l'homme de l'art était, en médecine, l'avant-coureur de l'homme de science. Tout l'art reposait en effet sur une observation méticuleuse, objective, voire froide, des malades. Cette nouvelle entreprise nous apprit les détails de l'histoire naturelle des maladies. On comprit ainsi, par exemple, que la typhoïde et le typhus exanthématique étaient deux maladies distinctes, sans aucun rapport l'une avec l'autre, et résultant de causes différentes. La précision et l'exactitude du diagnostic devinrent le but principal et la justification de la médecine et, tandis que s'amélioraient les méthodes de diagnostic, le pronostic devint lui aussi possible, de telle sorte que les patients et leurs proches étaient en mesure de connaître non seulement la nature de l'affection mais encore la tournure qu'elle avait des chances raisonnables de prendre. Au début de notre siècle, cette conception du rôle et des responsabilités du médecin était devenue à peu près générale. Parallèlement, des thérapeutiques moins ambitieuses et moins délirantes se faisaient jour. Sous le vocable général de « traitement de soutien » elles faisaient surtout appel au bon sens : repos au lit, régime alimentaire équilibré, interdictions des potions et remèdes miracles de la médecine traditionnelle, confiance en la nature qui, laissée à elle-même, avait des chances de conduire les choses à une issue favorable.

Plus professionnel, plus réellement utile, le

médecin put enfin jouir d'un respect de meilleur aloi. Conscient de ses limites et malheureusement incapable, dans la plupart des cas, de prévenir ou de guérir les maladies, il était du moins capable d'expliquer les choses, de soulager les angoisses, de prêter main forte. Il devint un conseiller et un guide respecté dans les moments difficiles, y compris celui de la mort.

Entre-temps, les fondements scientifiques qui allaient permettre le développement de la future science médicale commencèrent d'être jetés dès la fin du XIXe siècle. On discerna le rôle des bactéries et des virus dans les maladies, et l'on entreprit d'en faire l'étude détaillée. Les principaux germes pathogènes, au premier rang desquels le bacille de la tuberculose et le spirochète de la syphilis, furent identifiés et leur rôle reconnu. Dès la fin des années 1930, cette recherche portait ses fruits ; on mit au point les techniques d'immunisation active et passive contre la diphtérie, le tétanos, la pneumonie lobaire et quelques autres infections bactériennes ; la taxinomie des maladies infectieuses était devenue une discipline scientifique, les temps étaient mûrs pour la découverte des sulfamides, de la pénicilline, de la streptomycine et de tout le reste. Mais il faut bien souligner que, pour atteindre ce niveau, cinquante années de recherche fondamentale n'avaient pas été de trop. Sans cette recherche, nous n'aurions jamais deviné ne fût-ce que l'existence des streptocoques et des pneumocoques et la recherche de substances antibiotiques eût paru absurde. Sans les longues et laborieuses recherches sur le bacille de la tuberculose, nous croirions encore aujourd'hui que la tuberculose est due à l'air nocturne et nous essayerions encore de la soigner par l'exposition à la lumière du soleil.

Vers cette époque, donc, à la suite d'un siècle de scepticisme croissant à l'encontre de toute thérapeutique et qui avait fini par confiner au nihilisme, nous pénétrâmes dans une ère nouvelle, pratiquement du jour au lendemain. Grâce aux antibiotiques, il devenait tout à coup possible de guérir certaines des maladies les plus répandues et les plus mortelles – pneumonie, méningite, typhoïde, typhus exanthématique, tuberculose et diverses septicémies. Seules les maladies à virus restaient hors de portée et même ces dernières commencèrent rapidement de reculer, comme la poliomyélite et la rougeole, grâce à la mise au point de nouvelles techniques de vaccination.

Sur le coup, tout cela fut tout simplement époustouflant. J'étais étudiant lors de la découverte des sulfamides et de la pénicilline et je me souviens des premières réactions de pure incrédulité qu'elle suscita. Cela faisait un siècle que l'on avait renoncé à la thérapeutique. En dehors de quelques exceptions, que nous considérions comme des anomalies – vitamine PP pour la pellagre, extrait de foie pour l'anémie pernicieuse et insuline pour le diabète –, notre formation nous portait à la méfiance devant le traitement des maladies. La tuberculose miliaire et l'endocardite bactérienne subaiguë étaient fatales dans 100 % des cas et nous étions persuadés que le cours des affections maîtresses telles que celles-ci ne serait jamais modifié, de notre vivant ou plus tard.

D'un jour à l'autre, nous devînmes optimistes, enthousiastes comme peuvent l'être les convertis de fraîche date. L'idée qu'on pouvait lutter efficacement contre les maladies et en inverser le cours par des traitements appropriés, à condition d'avoir des connaissances suffisantes sur les mécanismes sous-jacents à la pathologie était neuve, voilà quarante ans.

La plupart des gens ont oublié cette époque, ou sont trop jeunes pour s'en souvenir, et tendent à faire comme si tout cela allait de soi. Ils sont nés dans un monde où les antibiotiques leur étaient, pour ainsi dire, tombés tout rôtis dans le bec. Il ne faut pas se lasser de rappeler, aujourd'hui plus que jamais peut-être, que si la médecine est capable de traiter les maladies infectieuses ce n'est ni le résultat d'un coup de dé heureux, ni, plus simplement, celui du passage du temps. Elle le doit directement à des années et des années de labeur acharné, à des chercheurs débordants d'imagination et d'astuce, qui n'avaient pas la moindre idée que la pénicilline ou la streptomycine étaient au bout du chemin. Car ils se livraient à la recherche fondamentale de l'espèce la plus supérieure, emmagasinant d'innombrables connaissances passionnantes en elles-mêmes, créant pour ainsi dire une banque d'informations, sur laquelle on pourrait par la suite tirer des chèques quand l'heure viendrait d'en faire une utilisation intelligente.

Il fallut par exemple bien longtemps et beaucoup de travail pour que les chercheurs finissent par comprendre qu'il existait des streptocoques hémolytiques et pas moins de quarante sérotypes différents de l'espèce principale responsable de maladies de l'homme, parmi lesquelles le rhumatisme articulaire aigu et certaines cardiopathies valvulaires. Il fallut d'abord mener à bien les recherches bactériologiques et immunologiques, durant plusieurs dizaines d'années, avant que, vers 1930, l'état de la recherche permette enfin la compréhension des relations existant entre infection streptococcique et rhumatisme articulaire aigu.

Or, il fallait évidemment attendre cette information pour acquérir la certitude que l'on pouvait prévenir le rhumatisme articulaire aigu et avec lui les principales maladies cardiaques affectant les jeunes, simplement en prévenant l'infection streptococcique. De la même manière, l'identification du rôle des pneumocoques dans la pneumonie, des brucelles dans la fièvre ondulante, des bacilles de la typhoïde dans la fièvre du même nom, des méningocoques dans la méningite épidémique, passait par l'organisation systématique, puis l'analyse de ce qui à l'époque apparaissait comme un ensemble d'informations d'une immense complication. Ce fut à ce genre de travail que s'attelèrent les laboratoires de recherche sur les maladies infectieuses et il leur fallut un bon tiers de siècle pour le mener à bien. Alors, et alors seulement, la scène était prête pour l'arrivée des antibiotiques.

Ce dont on se rendait mal compte à l'époque, et que l'on ne comprend pas toujours très clairement aujourd'hui, c'est que les mêmes recherches fondamentales concernant les autres maladies de l'homme seraient encore plus difficiles. Nous nous heurtons aux cardiopathies, au cancer, aux congestions cérébrales, à la schizophrénie, à l'arthrite, aux insuffisances rénales, à la cirrhose et aux maladies dégénératives liées au vieillissement. En tout, cela représente une liste de vingt-cinq maladies dans les pays occidentaux, auxquelles s'ajoutent de redoutables parasitoses et les maladies virales et nutritionnelles des pays moins développés. Voilà la tâche que la science biomédicale devrait mener à bien.

Quelle politique scientifique cohérente peut-on concevoir face à cette liste? La réponse la plus simple, la plus rapide, qui est aussi la solution de facilité, consiste à dire que les maladies que nous ne maîtrisons pas encore ne sont tout simplement pas maîtrisables. Mieux vaut donc se contenter de l'état actuel de la science et de la technologie et tirer le meilleur parti possible du système de santé existant en lui donnant les moyens de faire de son mieux dans un monde imparfait. L'ennui de cette attitude, c'est que nous n'avons pas les moyens matériels de l'adopter. Les coûts du système de santé, déjà excessifs, ne cessent de s'élever. De plus, l'arsenal des moyens thérapeutiques existants n'est pas à la hauteur de la tâche. Nous ne pouvons continuer indéfiniment d'essayer de lutter contre les maladies cardio-vasculaires par le recours aux interventions à cœur ouvert, qui coûtent des sommes astronomiques et ne sont pratiquées que lorsque la maladie a eu tout le temps d'accomplir ses ravages. Pas plus que nous ne pourrons indéfiniment remettre à plus tard la réponse à ces questions par une simplification à outrance en incriminant le rôle de l'environnement ou de mauvaises habitudes de vie dans l'étiologie des maladies chroniques et mutilantes que nous ne maîtrisons pas encore aujourd'hui. La vérité toute bête, c'est que nous ignorons presque tout de ces maladies et que nous devrions admettre plus ouvertement notre ignorance.

En même temps, au risque de paraître aimer les paradoxes, je crois pouvoir affirmer que jamais l'avenir de la médecine n'a été si riche de promesses. Dans la médecine d'aujourd'hui, sous le désarroi causé par la désorganisation du système de santé et l'effarante charge financière qu'il représente, perce un courant d'un optimisme débridé quant à ce que nous serons capables de faire pour le traitement des maladies si seulement nous continuons d'acquérir des connaissances. La recherche cardio-vasculaire a fait de tels progrès que les chercheurs sont convaincus d'approcher du nœud du problème. Ils ne pensent plus que les maladies de cœur constituent des mystères insondables. Dans le domaine du cancer, et malgré toutes les querelles d'école, les chercheurs ont acquis des connaissances sur le fonctionnement intime des cellules normales et néoplasiques qui étaient encore inimaginables voilà quelques années seulement. La cellule eucaryote – celle qui est dotée d'un véritable noyau – est devenue un objet d'étude presque aussi accessible aux techniques du laboratoire que l'était la bactérie dans les années 50. Tout est donc prêt pour l'élucidation des mécanismes par lesquels les gènes sont activés ou désactivés pendant le développement des cellules, permettant leur différenciation ou, dans le cas des cellules malignes, leur dédifférenciation. La manière dont les substances chimiques, les virus, ou d'autres agents cancérigènes non encore identifiés interviennent dans les mécanismes qui règlent le comportement des cellules nous est encore inconnue, mais le problème a cessé de sembler insoluble. Avec les connaissances acquises au cours de la décennie écoulée, nous pouvons maintenant entreprendre de le résoudre.

Les neurobiologistes ont acquis toutes sortes de moyens d'investigation nouveaux et le cerveau est pratiquement devenu un organe différent de ce qu'il semblait être voilà vingt-cinq ans. Loin d'être comparable à un enchevêtrement de circuits électroniques complexes mais susceptibles de simplification et correspondant à une série de schémas de montage, il apparaît aujourd'hui comme un vaste système endocrinien, au sein duquel les réactions essentielles, la circulation des influx nerveux, sont déterminées par des activateurs et des inhibiteurs biochimiques. Les moyens techniques d'étude de la cellule nerveuse isolée permettent des mesures fines et précises et les recherches s'orientent maintenant vers le fonctionnement d'agrégats de cellules – centre de l'ouïe, de la vue, etc. – dont l'étude est devenue techniquement possible. On a du mal à imaginer un problème qui échapperait à tout jamais à quelque tentative de résolution. On pense bien sûr à la nature de la conscience, mais le débat autour de notre capacité à la comprendre relève plus de la philosophie que de la recherche scientifique. Personne, en tout cas, ne pense plus aujourd'hui, comme c'était le cas naguère, que nous ne découvrirons jamais le mode de fonctionnement du cerveau.

Les spécialistes de l'immunologie, ceux de

la biochimie moléculaire et la nouvelle génération de chercheurs qu'obsèdent la structure et la fonction des membranes cellulaires ont découvert qu'en fait ils collaborent et que les problèmes qui se posaient à eux, comme aux généticiens, étaient les mêmes : comment se fait la détermination des cellules qui leur donne leur identité, quelles forces gouvernent le développement ordonné et la différenciation des organes et des tissus, comment les erreurs éventuelles sont-elles redressées ou prévenues ?

Jamais l'on n'a vécu une période comparable et j'ai du mal à croire que ces innombrables acquisitions de connaissances nouvelles n'aboutiront qu'à la compréhension du fonctionnement normal des cellules, des tissus et des organismes normaux. Je considère comme une certitude que l'on découvrira du même coup les mécanismes du fonctionnement pathologique.

Le demi-siècle écoulé nous a en tout cas dotés, je crois, de deux grands principes concernant les maladies de l'homme. Premièrement, il est nécessaire d'acquérir des connaissances nombreuses, précises et détaillées des mécanismes qui sous-tendent la maladie avant d'être en mesure d'intervenir avec efficacité – il fallait savoir que la pneumonie était causée par le pneumocoque avant d'envisager la découverte des substances antibiotiques. La connaissance de tous les détails n'était pas nécessaire. Il ne fallait pas même savoir comment le pneumocoque cause des ravages dans le poumon, mais il fallait savoir qu'il s'y trouvait et qu'il était responsable de la maladie.

Deuxièmement, il existe pour toutes les maladies un mécanisme clef qui l'emporte sur tous les autres. Une fois découvert ce mécanisme et les moyens de le contrer, la lutte contre la maladie devient possible et efficace. Cette assertion est une généralisation qui relève plus de l'intuition que la précédente et que je ne suis en mesure ni de prouver, ni même d'étayer par des arguments absolument indiscutables. Mais je crois que l'état des recherches tend à la confirmer. Les affections les plus compliquées que je connaisse, celles qui affectent le plus grand nombre de cellules, de tissus et d'organes divers sont la syphilis tertiaire, la tuberculose chronique et l'anémie pernicieuse. Dans chacune des trois maladies, on compte au moins cinq organes ou tissus principaux qui sont atteints par ce qui pourrait fort bien passer pour les influences diverses de l'environnement. Avant de faire l'objet d'une véritable analyse scientifique, toutes trois passaient pour ce que nous appelons aujourd'hui des maladies « multifactorielles » c'est-à-dire infiniment trop complexes pour qu'un unique mécanisme causal puisse les expliquer. Pourtant, une fois en possession de toutes les données du problème, on s'aperçut sans l'ombre d'un doute possible qu'il suffisait de lutter contre un facteur unique – le spirochète, le bacille de la tuberculose, une carence en vitamine – pour s'opposer à l'ensemble des mécanismes pathologiques apparemment distincts qui caractérisaient ces maladies.

Je crois que l'avenir de la médecine réside dans ce genre de direction. Je ne doute pas que l'on découvre des dizaines de facteurs susceptibles de déclencher un cancer, y compris certains facteurs cancérogènes de l'environnement et, fort probablement, plusieurs sortes de virus ; mais je crois aussi que l'on découvrira un mécanisme unique central, responsable dans tous les cas et qu'il faut rechercher. Je crois que la schizophrénie se révélera une affection neurochimique, causée par un quelconque déréglement chimique central identifiable. Je crois qu'il existe un agent responsable de la polyarthrite rhumatoïde que l'on n'a pas encore découvert. Je crois que l'on n'a pas encore découvert les anomalies vasculaires fondamentales qui causent aussi bien les occlusions coronariennes que les congestions cérébrales, mais que cette découverte est inéluctable.

Bref, je crois que les principales maladies de l'organisme humain sont devenues autant d'énigmes biologiques susceptibles d'élucidation à plus ou moins long terme. Il en résulte qu'il est dès aujourd'hui possible d'envisager une société humaine relativement libérée de la maladie. Cette idée, impensable voilà un demi-siècle seulement, prend, encore aujourd'hui, des allures apocalyptiques. Que devient la mort, dans tout ça? Que ferons-nous de l'inévitable excédent démographique? De quoi donc mourrons-nous, s'il n'y a plus de maladie?

Je réponds que cela ne changerait pas grand-chose à cet égard. Nous continuerions de vieillir, de nous user au même rythme qu'aujourd'hui. Mais l'issue ressemblerait plus à l'effondrement subit de la fameuse carriole du diacre, d'Oliver Wendell Holmes. La principale conséquence, purement bénéfique, serait que les maladies n'assombriraient plus les dernières années des gens âgés, comme elles le font trop souvent aujourd'hui. Nous pourrions devenir une espèce saine, d'une santé comparable à celle de tant de plantes et d'animaux domestiques que nous ne jugeons absolument pas extraordinaire aujourd'hui. La congestion cérébrale, la démence sénile, le cancer et l'arthrite ne sont pas des aspects naturels de l'humaine condition et nous devrions nous en débarrasser aussi vite qu'il est en notre pouvoir de le faire.

Cette manière d'envisager l'avenir se heurte à une autre objection qui mérite d'être réfutée. On nous dit que l'organisme humain est vulnérable par nature, porté à l'échec et que, sitôt débarrassé d'une série de maux, il sera assiégé par d'autres, qui attendent, tapis dans l'ombre, le moment de les remplacer. J'ignore ce qui peut bien justifier ce genre d'affirmation, car je ne sache pas que rien ait jamais donné à penser qu'une telle chose était possible. Évidemment, les maladies chroniques frappent aujourd'hui des vieillards plus nombreux, mais c'est le résultat très logique de l'allongement considérable de l'espérance de vie. A ma connaissance, aucune maladie nouvelle n'est venue remplacer la diphtérie, la variole, la coqueluche ou la poliomyélite. La nature étant inventive, nous devons nous attendre au surgissement éventuel d'une maladie nouvelle de temps à autre, mais certainement pas pour remplir je ne sais quel quota préétabli, prédestiné, des maladies humaines.

A vrai dire, les statistiques officielles de la morbidité et de la mortalité devraient nous en avoir convaincus si notre angoisse ne nous poussait pas à nier l'évidence. Le monde occidental est déjà devenu, sur pièces, la société la plus saine de l'histoire de l'humanité. Par rapport au siècle dernier – quand chaque famille pouvait s'attendre à perdre un ou plusieurs de ses membres dans leurs jeunes années – nous vivons dans un monde nouveau. Au sein d'une famille jeune, un décès n'est plus un événement banal, c'est une catastrophe rare et d'autant plus épouvantable. Collectivement, notre espérance de vie est plus longue qu'elle ne l'a jamais été. Cette amélioration générale et progressive est due pour une part à l'hygiène, à l'amélioration de l'habitat, probablement aussi à l'élévation générale du niveau de vie. Mais une autre part, non négligeable, revient depuis quelques années à la science biomédicale. Nous ne nous en sommes pas mal tirés du tout et, au vu de ces premiers résultats, je ne vois pas pourquoi l'on ne prévoirait pas de faire encore mieux à l'avenir.

On ne sera pas surpris par mes propositions à cet égard. J'affirme que nous devons poursuivre la recherche biomédicale à peu près au même rythme que depuis une vingtaine d'années. Expansion et croissance devront intervenir surtout dans les domaines où cette recherche sera parvenue à ouvrir des voies nouvelles. Certes, tout cela est coûteux, mais enfin, aux États-Unis, ne représente jamais que 3 % des 140 milliards de dollars que réclame chaque année l'industrie de la santé. Et cela revient moins cher que de continuer à s'appuyer sur les demi-mesures techniques dont nous sommes obligés de dépendre dans tant de domaines de la médecine d'aujourd'hui. Si nous devions nous en remettre longtemps encore à ces seules demi-mesures, le budget de la santé atteindrait la stratosphère avant la fin du siècle.

Mais j'aimerais apporter une précision qui surprendra peut-être plus, venant d'un médecin. Je suis convaincu que le principal effort de la recherche, celui dans lequel il faut, et de loin, investir le plus de ressources de toute nature parce qu'il est le plus important pour l'avenir, doit avoir lieu dans le domaine de la biologie fondamentale. Certes, telle ou telle application possible à la médecine surgira en cours de route, comme ont surgi, par exemple, le vaccin contre la poliomyélite ou la chimiothérapie multiple pour les leucémies infantiles ; mais il ne faut pas trop compter sur ce genre de choses : elles sont rares par nature et rien ne permet de les accoucher de force avant terme. Ce dont la médecine a le plus grand besoin, pour assurer son avenir, c'est de données fondamentales sur les grands mécanismes de la vie. Rien ne permet de lancer pour l'instant un quelconque programme à grande échelle d'application de la science à la médecine – notre ignorance est trop profonde, trop de données nous manquent.

En médecine, comme en physique, les applications de la science ne sont possibles et souhaitables qu'à partir du moment où l'on dispose d'un nombre suffisant de certitudes quant aux données fondamentales. Nous en sommes loin dans bien des domaines de la médecine. Nous ne sommes même pas en mesure de prédire dès aujourd'hui les domaines de la recherche dans lesquels les informations nouvelles qui seront glanées seront le plus susceptibles d'applications particulières à telle ou telle maladie. Dans ces conditions, une grande partie des travaux doit s'appuyer sur des conjectures, voire sur des paris. Mon sentiment personnel, à cet égard, est que les domaines qui se révéleront les plus productifs pour l'avenir sont ceux dans lesquels nous glanerons le plus d'informations intéressantes, enthousiasmantes et, par-dessus tout, *surprenantes*.

C'est, je crois, sur la surprise qu'il est le plus sage de parier – et le plus payant. La probabilité est forte pour que ce qui nous étonne aujourd'hui en biologie se révèle demain le plus utilisable et le plus utile. Deux cents ans de recherche scientifique devraient nous en avoir convaincus. Les débuts de la chimie l'ont prouvé ; la naissance de la fée électricité l'a prouvé ; c'est en progressant de surprise en surprise que nous sommes passés de la physique newtonienne à l'électromagnétisme, de ce dernier à la mécanique quantique, à la géophysique et à la cosmologie contemporaines. En biologie, évolution et génétique furent les deux premières sources d'étonnement, mais ce qui se passe depuis un quart de siècle est proprement effarant, époustouflant. En médecine, les plus grandes surprises appartiennent encore à l'avenir. Mais elles sont là, elles attendent d'être découvertes tôt ou tard, avec méthode ou par une heureuse inspiration.

Qu'on ne s'y trompe pas : mes arguments sont parfaitement pratiques, terre à terre, pragmatiques. C'est dans le monde réel que ce genre de recherche est effectivement le plus capable de produire des améliorations considérables de la santé humaine à des coûts comparativement dérisoires. Ce dernier point mérite sans doute d'être souligné. Dans tous les domaines où la technologie médicale a connu de réels succès – immunisation, antibiotiques, nutrition, substitution hormonale –, de telle sorte que la thérapeutique peut être appliquée directement sur le mécanisme sous-jacent de la maladie et exerce une action indiscutablement efficace, l'intervention médicale a de fortes chances d'être peu coûteuse. C'est lorsque l'on est contraint à des thérapeutiques de demi-mesure, comme je l'ai déjà dit, pour pallier les ravages de la maladie, ou remplacer des tissus détruits en tout ou en partie, que les dépenses de santé deviennent gigantesques. Plus nous approfondirons notre connaissance des mécanismes sous-jacents de la maladie, plus nos chances seront grandes de parvenir à mettre au point des mesures directes de prévention ou de traitement efficaces avant qu'il ne soit trop tard.

En voilà assez quant à l'aspect pratique des choses. L'avenir de la santé humaine est commandé par les connaissances scientifiques fondamentales et je n'en dirai pas plus.

Mais il me reste une dernière remarque à faire à propos de la biologie. En admettant même que mes prédictions soient fausses et que nous soyons capables de trouver par tâtonnements successifs le moyen de prévenir ou de guérir une maladie dont nous ne comprendrions pas le mécanisme (ce que j'attends de voir pour le croire), nous ne perdrions pourtant rien, malgré tout, à investir dans la recherche biologique. Nous n'avons rien à y perdre. Le congrès n'aurait rien à perdre s'il votait les crédits nécessaires. Et le peuple américain n'a rien à y perdre.

Je m'explique.

Notre époque devrait être la plus belle qu'ait connue l'esprit humain, et pourtant il n'en est rien. Toutes sortes de choses semblent vouloir tourner mal et le siècle, si près de finir, nous glisse entre les doigts sans avoir rempli aucune de ses promesses. Il n'entre pas dans mon propos de rechercher ne serait-ce qu'un début de cause à la tristesse qui s'est emparée de notre culture. Mais je pense à quelque chose qui ne va pas : nous n'en savons pas assez sur nous-même. Nous ignorons les secrets de notre propre fonctionnement, nous ignorons comment nous nous insérons dans le monde ; par-dessus tout, nous ignorons presque tout de l'énorme système de la vie dont nous faisons partie intégrante. En réalité, nous ne comprenons pas la nature — pas du tout. Certes, nous avons déjà fait du chemin, mais cela a tout juste suffi à nous faire prendre conscience de notre ignorance. L'ignorance totale n'est pas si redoutable. Ce qui est terrible, c'est d'être déjà engagé sur le chemin de la connaissance, d'en avoir parcouru assez pour se rendre compte de son ignorance. C'est un sentiment gênant, déprimant, c'est le nôtre aujourd'hui.

Pour nous tous, l'expérience est nouvelle. Voilà deux siècles seulement, nous avions une explication pour tout, fondée sur la pure raison, et, aujourd'hui, tout ce bel édifice harmonieux est tombé en ruine sous nos yeux. Nous sommes *bêtes*.

En un certain sens, il s'agit après tout d'un problème de santé. Tant que nous serons hébétés devant notre propre mystère, tant que nous serons troublés par l'étrangeté des liens inconfortables qui nous unissent au reste de la vie, tant que nous resterons sans voix dans l'inscrutable énigme de notre propre esprit, on ne pourra pas dire que nous sommes des animaux en bonne santé.

Nous avons besoin d'en savoir plus. Notre siècle en apparence si peu concluant nous aura du moins permis d'en prendre conscience. Nous avons appris à poser les questions importantes et, désormais, ce qu'il nous faut, de toute urgence, pour sauver notre civilisation, c'est un certain nombre de réponses. Nous avons appris aussi que ces réponses, nous ne les trouverons pas à l'intérieur de notre propre esprit, par la pure conjecture ou l'invention de belles histoires. Parvenus au niveau de compréhension qui est le nôtre aujourd'hui, nous ne pouvons ni nous en satisfaire, ni retourner en arrière. Je crois que nous n'avons pas le choix : il faut poursuivre. Nous avons besoin de la science, nous avons besoin de plus de science, et d'une meilleure qualité, non pour ses applications technologiques, non pour nous délivrer du travail, pas même pour améliorer notre santé et prolonger notre existence mais simplement parce qu'elle constitue notre unique espoir d'acquérir la sagesse dont notre culture a besoin pour survivre.

L'impression de ce livre
a été réalisée sur les presses
des Imprimeries Aubin
à Poitiers/Ligugé

pour les Éditions Belfond

Achevé d'imprimer le 30 septembre 1980
N° d'éditeur, 338. – N° d'impression, L 12799

Dépôt légal, 3e trimestre 1980

Imprimé en France